Python

程序设计（微课版）

王琨　曾刚 ◎ 主编

清華大學出版社
北京

内容简介

全书共分11章，第1～7章讲解了Python的基础知识，主要包括Python简介、数据类型及其运算、程序的结构、函数、文件操作、面向对象编程、异常处理等内容，从第8章开始，介绍组合数据类型、常用库的使用、图像处理、抓取网络数据等内容。本书每一章节都包含大量的编程示例及其解释说明，在语言版本的选择上使用了未来会成为主流的Python 3，并介绍了Python 3的新特性和新内容。本书配有大量视频及其他资源，适合编程的初学者，或者学过其他编程语言又想学习Python语言的人员作为教材或参考书使用。

本书适合作为高等院校公共课的程序设计入门教材，也可以作为工程技术人员及科研人员的参考书，特别适合网络安全相关专业的学生作为教材使用。

图书在版编目(CIP)数据

Python程序设计：微课版/王琨，曾刚主编. —北京：清华大学出版社，2022.12
ISBN 978-7-302-62123-2

Ⅰ.①P… Ⅱ.①王… ②曾… Ⅲ.①软件工具－程序设计－高等学校－教材 Ⅳ.①TP311.561

中国版本图书馆CIP数据核字(2022)第200204号

责任编辑：田在儒
封面设计：刘　键
责任校对：李　梅
责任印制：曹婉颖

出版发行：清华大学出版社
网　　址：http://www.tup.com.cn，http://www.wqbook.com
地　　址：北京清华大学学研大厦A座　**邮　　编**：100084
社 总 机：010-83470000　**邮　　购**：010-62786544
投稿与读者服务：010-62776969，c-service@tup.tsinghua.edu.cn
质量反馈：010-62772015，zhiliang@tup.tsinghua.edu.cn
课件下载：http://www.tup.com.cn，010-83470410
印 装 者：三河市龙大印装有限公司
经　　销：全国新华书店
开　　本：185mm×260mm　**印　　张**：11.75　**字　　数**：279千字
版　　次：2022年12月第1版　**印　　次**：2022年12月第1次印刷
定　　价：39.00元

产品编号：098211-01

前言

FOREWORD

Python由荷兰的吉多·范罗苏姆(Guido van Rossum)在1989年设计开发,于1991年公开发布。在设计之初,Python语言被定位为一门解释型语言,语法优雅、简单易学、开源、拥有易于扩充开发的第三方扩展库。正是这样的目标定位,Python语言发布之后受到广大学生、教师、科研工作者、软件开发人员等社会各界人士的欢迎。卡耐基·梅隆大学、麻省理工学院、加州大学伯克利分校、哈佛大学等院校已经将Python语言作为大学生程序设计的入门教学语言。因为Python简单易学,具有丰富的第三方扩展库,用户可以将精力和时间放在自己关注的业务逻辑上,而不用拘泥于开发语言的选择与学习。Python语言已经被广泛地应用于网站开发、数据统计与分析、移动终端开发、科学计算与可视化、图形图像处理、大数据处理、人工智能、游戏开发等领域。自2004年以来,Python的使用率呈线性增长。根据TIOBE网站的统计,Python在编程语言流行排行榜中有逐年上升的趋势,截至2022年1月,Python语言已经5次被TIOBE网站评为年度最佳编程语言。在根据Google搜索做出的PYPL(http://pypl.github.io/PYPL.html)排名中早已上升到第一的位置。

经过十几年的发展,Python语言已经发展到3.x版本,3.x版本特意地与2.x版本不兼容,彻底解决了字符编码等问题。尽管早期的一些第三方扩展库不兼容3.x版本,但随着开发者的努力,越来越多的扩展库被移植到了3.x版本,相信3.x版本必将成为未来的发展趋势和主流。因此,本书以Python 3.x为开发版本,不再关注2.x版本。

本书选择Python作为编程教学语言,尝试改变C语言晦涩难懂、编程语言与专业应用结合较困难的问题。本书1~7章通过绘图等示例降低学习难度,让学生在轻松愉快的氛围中学习编程;8~11章贴近实际业务,以实战案例增强其趣味性和实用性。

本书在泛雅教学平台提供了相应的学习资源。课后作业可以帮助学生理解、巩固所学知识;课后测验可以帮助学生了解自己的学习效果;大家也可以在"讨论"模块就关心的问题进行探讨。教学平台中的"资料"模块准备了参考图书和开发IDE工具可供下载。各章节均配有相应的视频教程,在计算机端浏览器登录http://mooc1.chaoxing.com/course/96566070.html,或手机端扫描书中的二维码即可自主学习。

本书各章节中加入"注意""提示""拓展"等内容,以引起读者的注意及拓展知识面。

本书在排版体例上,代码的左侧标有行号,以方便读者阅读分析代码。图书最后附有参考文献,其中包含对学习非常有帮助的参考资源,大家可以参考学习。

本书内容涵盖了入门编程语言绝大部分知识体系,因此本书适合高等院校相关专业作为教材使用。

本书中所有代码及 PPT 都可以到清华大学出版社网站下载，以方便读者教学或学习，其他的学习资源可以从泛雅学习平台获取，登录方式见上文。

本书的组织结构如下。

第 1 章首先简单介绍了编程语言，接着对 Python 语言进行了概括性的介绍，然后介绍了 Python 的安装方法，如何快速入门以及 Turtle 库的使用。

第 2 章介绍了数据及其运算。首先介绍了基本数据类型及其运算，最后介绍了字符串。

第 3 章介绍了程序的结构，包括分支结构、循环结构。

第 4 章介绍了函数相关的内容，包括函数的定义、函数的调用过程、参数的默认值、可变长参数、变量的作用域、递归函数、匿名函数等，最后介绍了 datetime 和 random 模块。

第 5 章介绍了文件操作，包括文件的基本操作（打开、关闭、读取、写入、添加、指针）、上下文、文件和文件夹的操作，同时介绍了如何根据文件属性判断文件的原始性及网站是否被入侵。

第 6 章介绍了面向对象编程技术，包括类的定义、类的属性和方法、构造函数与析构函数、类的继承、多态等。

第 7 章介绍了异常处理，包括捕获并处理异常，及创建自定义异常类等。

第 8 章介绍了组合数据类型，包括列表、元组、字典、集合。

第 9 章介绍了 Python 中 pip 工具和 Pyinstaller 库的使用。

第 10 章介绍了 Python 图像处理。首先介绍了 Image、ImageDraw、ImageFont、ImageFilter、ImageEnhance 等模块，然后介绍了 PIL 在安全领域的应用，包括生成验证码图片、给图片加水印、生成二维码等内容。

第 11 章介绍了 Python 如何抓取网络数据。首先介绍了网络基础知识，接着介绍了使用 requests 抓取网络数据，使用 XPath 定位网页节点的方法，网络数据的抓取并保存为 JSON、CSV 格式，最后介绍了使用中文分词、词云分析论坛舆情热点。

本书在编写和教学过程中，滕萍教授、杨虹教授及纪芳老师提出了很好的建议和意见，在此表示深深的感谢。

本书在编写过程中参考了大量的相关资料，这些资料已经列入书后的参考文献，这里对这些资料的作者表示深深的感谢。

由于编者水平有限，加之时间仓促，Python 版本的更新等原因，书中难免存在不足，恳请各位读者批评指正，以便进一步改正与完善。

编著者

2022 年 8 月

课程介绍视频

目录

CONTENTS

第1章

Python简介

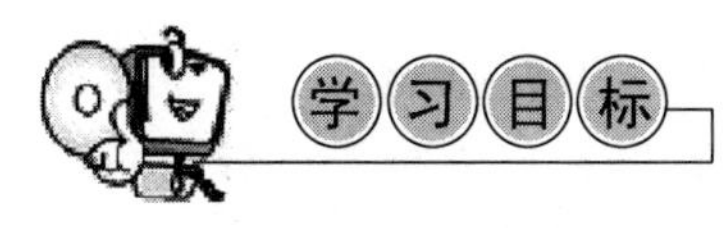

1. 了解编程语言的分类,Python语言的类属。
2. 了解Python语言的特点及优缺点。
3. 掌握Python程序的安装方法,了解工作目录的设置方法。
4. 掌握IDLE的使用方法。
5. 掌握Python语言的基本语法特点。
6. 掌握Turtle库的使用方法,能够使用Turtle绘制图形。

1.1 编程语言简介

教学视频

1946年世界上第一台电子计算机问世后,人类利用电子计算机进行科学计算、数据处理、工业控制、事务处理、娱乐、通信等,计算机把人类从繁重的计算、繁杂的事务、烦琐的管理中解脱出来。计算机的发展也经历了电子管计算机、晶体管计算机、集成电路计算机、大规模集成电路计算机等几个阶段。英特尔公司创始人戈登·摩尔(Gorden E. Moore)曾经提出过一个预言:单位面积集成电路上集成的晶体管的数量每两年翻一倍。这就是摩尔定律,它揭示了计算机技术在飞速地发展。正是集成电路技术、软件技术、网络技术等相关技术的发展,使电子计算机的体积变得越来越小,性能越来越强大,应用范围越来越广泛。在计算机技术飞速发展的过程中,编程语言也在不断地发展,下面将简要介绍计算机与编程语言的发展过程。

1.1.1 低级语言

1. 机器语言

从1946年第一台电子计算机诞生,到1954年Fortran语言发布,这一阶段使用的语言称为低级语言。这一时期计算机的运行速度和存储容量都比较低，操作系统的功能也比较弱，编程语言主要是机器语言和汇编语言。机器语言是计算机最原始的语言，由二进制计算机指令组成，是计算机硬件可以直接识别和执行的程序语言，如求 2+3 的和，16 位计算机上的机器指令为 11010010 00111011，不同的计算机指令还会不同。

2. 汇编语言

由于机器语言不便于编程、阅读和修改，用助记符与机器指令一一对应，可以帮助程序员高效率地编写程序，于是汇编语言诞生了，如求 2+3 的和，汇编语言的语句为 add 2, 3, result，也就是 2+3 的结果放入 result 中。不同计算机的指令是不同的，因此汇编语句也是不同的。机器语言与汇编语言直接对计算机的硬件进行操作，因此称为低级语言。低级语言最大的优点是执行速度快，但代码编写难度较大，可读性较差。另外，低级语言编写的程序只能在一种计算机上运行，想要运行在不同类型的机器上，必须重写。低级语言是早期的一种计算机编程语言，现在只在很少的特殊场景中使用。

1.1.2 高级语言

从 1954 年第一个高级编程语言 Fortran 诞生开始，不断有新的高级编程语言产生，如 Pascal、COBOL、Basic、C、C++、Java、C# 等，尤其 C 和 C++ 语言已经成为程序员进行系统开发的通用语言。高级语言主要是相对于汇编语言而言的，高级语言把多条汇编指令合成一个表达式，对于高级语言来说需要一个编译器来完成高级语言到汇编语言的转换。所以对比不同的 CPU（中央处理器）结构，只需要有不同的编译器和汇编器，程序就可以在不同的 CPU 运行了。例如在 VS2010 编译器中，可以选择程序编译的目标平台 x86、x64、ARM 等。当然除了这些编译类的语言之外还有解释类型的语言，如 Python。高级语言基本脱离了机器的硬件系统，用人们更易理解的自然语言和数学公式的方式编程，编写的程序称为源程序。高级语言有更强的表达能力，可方便地表示数据的运算和程序的控制结构，能更好地描述各种算法，而且容易学习掌握。例如求 2+3 的和，高级语言可以表示为 result=2+3，代码不再与硬件相关，通用性更强，但高级语言编译生成的程序代码一般比用汇编语言设计的程序代码要长，执行的速度相对较慢。

1. 可视化编程语言

1984 年苹果公司发布了运行于 Macintosh 系列计算机上的操作系统 Mac OS，它是首个商用图形用户界面的操作系统，1985 年微软公司发行了运行于 IBM 兼容机上的 Microsoft Windows 1.0。以后两家公司不断地对操作系统进行升级换代，图形化用户界面的操作系统成为主流。为满足人们图形化程序开发的需求，出现了可视化编程语言，如 Delphi、Visual Basic、Visual C++、Visual Foxpro 等。可视化编程首先设计窗口，然后在窗口上放置文本框、单选按钮、复选框、下拉列表、菜单、按钮等控件，通过事件和方法来完成事务的处理。可视化编程增强了程序的可操作性和易用性。

2. 跨平台编程语言

高级语言要解决的最大问题是程序的通用性，也就是编完代码后，不依赖计算机硬件，可以在不同的计算机上运行。不同的计算机上运行着不同的操作系统，如 Unix、Windows、Mac OS、Linux 等，为了实现一次编码到处运行的目标，Java 语言应运而生，Java 语言首先把源代码编译成为字节码，在不同的操作系统上运行的 Java 虚拟机解释执行字节码，达到了 Java 语言跨平台的目的。Python 作为高级解释型语言，它也具有跨平台性，在 Mac OS 和 Linux 操作系统上已经集成了 Python 解释器，Windows 操作系统也可以安装 Python 解释器运行 Python 程序。

3. 网络编程语言

20 世纪 90 年代中期，互联网开始流行起来，与互联网相关的编程语言开始出现。例如，描述网页的 HTML（Hyper Text Markup Language，超文本标记语言），设计动态网页的 ASP、PHP、JavaScript 等，网络编程语言使网页更生动、更绚烂多彩。

4. 新生代语言

进入 21 世纪，新的技术不断涌现，在计算机领域，尤其云计算、大数据和人工智能技术极大地促进了人类社会的发展。云计算将计算能力、存储能力、软件应用等视作自来水一样可以按需使用、按量付费的资源。大数据是指需要处理的数据量超过传统处理方式所能处理的量级，并且数据类型也是多样的（二维表式的结构化数据、文本的无结构数据及介于两者之间的半结构化数据）。大数据技术将海量数据划分为 N 个数据块，由集群中的计算机分别完成处理任务，最后进行综合。适合于大数据处理的编程语言有 R 语言、Scala、Python。R 语言适用于统计分析、图形的绘制。Scala 是一门多范式的编程语言——可以进行面向对象编程和函数式编程，能够实现可伸缩编程以适应不同规模的计算机集群，Scala 与大数据分析平台 Spark 是一对绝佳搭档。Spark 平台除了支持 Scala 以外，也支持 Python 语言，再加上大量第三方库的支持，Python 在大数据处理方面也是一门非常流行的编程语言。

随着 AlphaGo（围棋机器人）打败围棋世界冠军、职业九段棋手李世石以及世界排名第一的柯洁，人工智能技术迎来了又一次繁荣。人工智能（Artificial Intelligence，缩写为 AI）是研究、开发用于模拟、延伸和扩展人的智能的理论、方法、技术及应用系统的一门新的技术科学。人工智能典型的实际应用有机器视觉、指纹/掌纹识别、人脸识别、视网膜识别、虹膜识别、专家系统、自动规划、智能搜索、定理证明、博弈、自动程序设计、智能控制、机器人学、语言和图像理解、遗传编程等。人工智能的首选语言是 Python，Python 拥有强大的 AI 技术库 Numpy 和 Scikit-Learn，深度学习框架 TensorFlow，Caffe 的主体就是用 Python 实现的，并提供 Python 原生接口。

1.1.3 编译型语言与解释型语言

高级语言的源代码是用字母、数字、符号组成的，源代码便于人类编写、修改，但不能直接在计算机上运行，需要用编译器（Compiler）将源代码翻译成机器能够识别、运行的机器代码，这个翻译过程称为编译，如图 1-1 所示。需要用编译器将源代码编译为机器代码的语言为编译型语言。典型的编译型语言有 C/C++、Pascal/Object Pascal（Delphi）等。编译型语言需要一个专门的编译过程，把源程序编译成为机器语言的文件，如 EXE 文件，以后若要运行就不必重新翻译，直接使用编译的结果就可以了（EXE 文件），因为翻译只做了一次，运行时不需要翻译，所以编译型语言编写的程序执行效率较高。

解释性语言在运行程序的时候才将源代码翻译成机器代码，例如，解释型 Basic 语言，专门有一个解释器能够直接执行 Basic 程序，每个语句都是执行的时候才翻译，如图 1-2 所

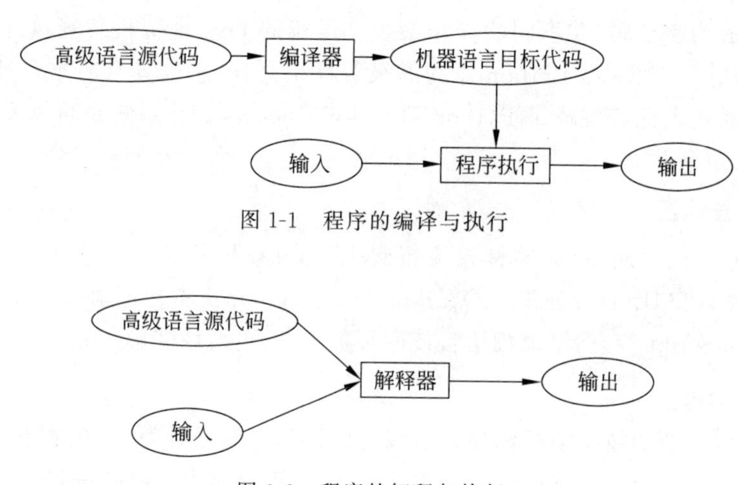

图 1-1　程序的编译与执行

图 1-2　程序的解释与执行

示。解释型语言每执行一次就需要翻译一次，效率比较低，但程序纠错和维护十分方便，在不同的操作系统上都能运行，因此可移植性较好。典型的解释型语言有 JavaScript、VBScript、Perl、Python、Ruby、MATLAB 等。

1.1.4　专用编程语言与通用编程语言

专门用于某一特定领域的编程语言称为专用编程语言。例如，专用于动态网页制作的语言 PHP、ASP、JavaScript 等；用于控制机床的数控语言（NC Language）；数据库结构化查询语言（SQL）。专用编程语言通常只能使用于特定领域，在该领域外，此语言功能则较弱，应用领域受到限制。

通用编程语言是指能够用于多个领域、具有多种用途的编程语言。例如，C 语言既可以用于编写操作系统，也可以用于编写硬件的驱动程序，还可以用于嵌入式开发和其他程序的开发；Python 语言安装 Pygame 库后可以用于游戏的开发，安装 PIL 库后可以用于图形图像处理，安装 Flask/Django 等框架后可以用于 Web 程序开发，安装 PyQt 库后可以用于图形化程序开发，因应用领域较广，因此，Python 也是通用编程语言。

教学视频

1.2　Python 语言简介

Python 是一门优雅的、面向对象的、解释型的计算机高级程序设计语言，它由荷兰的吉多·范罗萨姆（Guido van Rossum）在 1989 年年底设计开发。Python 是一种体现简单主义思想的语言，阅读一段良好的语言就像在阅读英语一样，不用专注于语言的学习与功能的实现，而是专注于解决问题，因此 Python 非常容易上手，通过其简单的文档，用户可以非常快速地掌握这门语言。另外，Python 拥有丰富而强大的第三方库，可以把别人发布的模块贴到程序中，为自己所用，因此，Python 也被称为“胶水语言”，这是许多人喜爱它的原因。

1989 年，吉多·范罗萨姆还是荷兰的 CWI（Centrum voor Wiskunde en Informatica，国家数学和计算机科学研究院）的研究人员，正在进行一个研究项目，他们用现有工具努力工作，他们想开发出一种新的工具，以便能够简单有效地进行研究工作。吉多·范罗萨姆拥有 ABC 编程语言丰富的经验,但 ABC 语言开发能力有限,于是他就产生了开发一种通用的功能强大的解释型语言的想法。

1989 年圣诞节期间,吉多·范罗萨姆为了打发圣诞节的无趣,决心开发一个新的脚本解释程序,作为 ABC 语言的一种继承。ABC 语言是吉多·范罗萨姆参与设计的一种教学语言,在他看来 ABC 语言虽然优美而强大,但它并没有广泛流行的原因在于它不具有开放性,他要开发一种优雅而强大的解释型语言,并且借鉴其他语言的优点。于是 Python 语言就诞生了,1991 年发布了第一个公开发行版。之所以选中 Python(大蟒蛇的意思)作为编程语言的名字,是因为他是一个叫 Monty Python 的喜剧团体的爱好者。

1. Python 的优点

(1) 简单易学。这是 Python 受欢迎的重要原因。在设计之初,吉多·范罗萨姆就想要把它设计成为非专业人员使用的一种极易上手的解释型语言。Python 语言中没有其他语言中常见的美元符号($)、分号(;)、波浪号(~)等,这些符号使语言晦涩难懂。并且 Python 有极其简单的说明文档,这也是学习和使用 Python 语言的基础。

(2) 速度快。Python 的底层是用 C 语言写的,很多标准库和第三方库也都是用 C 语言写的,运行速度非常快。

(3) 开源、免费。Python 由一个非营利组织——Python 软件基金会负责运维,实行开源、免费、共享。使用者可以自由地发布这个软件的拷贝、阅读它的源代码,对它做改动,把它的一部分用于新的自由软件中。Python 是 FLOSS(自由/开放源码软件)之一,FLOSS 是基于一个团体分享知识的概念。

(4) 高级语言。Python 是一门高级语言,程序员编写程序时无须考虑内存回收等底层细节,同时它拥有其他语言没有的一些数据结构,如 Python 内建了列表(可变的数组)和字典(哈希表),这是 C、C++ 和 Java 等语言不可比的。

(5) 跨平台性。由于 Python 是开源的,它已经被移植到许多平台上,包括 Windows、Linux、Macintosh、FreeBSD、Solaris、OS/2、Amiga、AROS、AS/400、BeOS、OS/390、z/OS、Palm OS、QNX、VMS、Psion、Acom RISC OS、VxWorks、PlayStation、Sharp Zaurus、Windows CE、Pocket PC、Symbian 以及 Google 基于 Linux 开发的 Android 平台。

(6) 解释性。一个用编译语言比如 C 或 C++ 写的程序可以从源文件(即 C 或 C++ 语言)转换到计算机使用的语言(二进制代码,即 0 和 1)。这个过程通过编译器和不同的标记、选项完成。

运行程序的时候,连接器/转载器软件把程序从硬盘复制到内存中并且运行。而 Python 语言写的程序不需要编译成二进制代码,可以直接从源代码运行程序。

在计算机内部,Python 解释器把源代码转换成为中间形式——字节码,然后把它翻译成计算机使用的机器语言并运行。这使 Python 的使用更加简单,也使 Python 程序更加易于移植。

(7) 面向对象。Python 既支持面向过程的编程,也支持面向对象的编程。在"面向过程"的语言中,程序是由过程或仅仅是可重用代码的函数构建起来的。在"面向对象"的语言中,程序是由数据和功能组合而成的对象构建起来的。Python 不仅是一门面向对象的语言,它还融合了多种编程风格,如借鉴了 Lisp 等函数编程的特点。

(8) 可扩展性。如果需要一段关键代码运行得更快或者希望某些算法不公开,这部分程序可以用 C 语言或 C++ 语言编写，然后在 Python 程序中使用它们。Python 语言具有丰富和强大的第三方库，能够把用其他语言制作的各种模块（尤其是 C/C++）很轻松地联结在一起，扩展了 Python 的功能。

（9）可嵌入性。Python 可以嵌入 C 和 C++ 的项目中，使程序具有脚本语言的特点，向程序用户提供脚本功能。

（10）丰富的库。Python 标准库非常庞大。它可以帮助处理各种工作，包括正则表达式、文档生成、单元测试、线程、数据库、网页浏览器、CGI、FTP、电子邮件、XML、XML-RPC、HTML、WAV 文件、密码系统、GUI（图形用户界面）、Tk 和其他与系统有关的操作。这被称为 Python 的“功能齐全”理念。除了标准库以外，还有许多其他高质量的库，如 wxPython、Twisted 和 Python 图像库等。

（11）规范的代码。Python 采用强制缩进的方式使得代码具有较好的可读性。而 Python 语言写的程序不需要编译成二进制代码。

2. Python 的缺点

（1）单行语句和命令行输出问题。很多时候不能将程序连写成一行，如 import sys;for i in sys.path:print i。而 Perl 和 AWK 就无此限制，可以较为方便地在 Shell 下完成简单程序，不需要如 Python 一样，必须将程序写入一个.py 文件。

（2）独特的语法。这也许不应该被称为缺点，但是它用缩进来区分语句关系的方式还是给很多初学者带来了困惑。即便是很有经验的 Python 程序员，也可能陷入陷阱中。最常见的情况是 Tab 和空格的混用会导致错误，而这是用肉眼无法区分的。

（3）运行速度慢。因为 Python 是解释型脚本语言，相比较而言，它显得较慢，但随着硬件性能的提升，这个问题将不再是问题。

Python 已经成为最受欢迎的程序设计语言之一。截至 2022 年 1 月，Python 被 TIOBE 编程语言排行榜（https://www.tiobe.com/tiobe-index/）5 次评为年度最佳编程语言，也是获奖次数最多的编程语言；2021 年 10 月，Python 终于在 TIOBE 编程语言排行榜上超过 C 和 Java 语言，荣升第一。截至 2022 年 6 月，在根据 Google 搜索做出的 PYPL 排名中（http://pypl.github.io/PYPL.html）Python 连续 5 年保持在第一的位置，排名如图 1-3 所示。

Worldwide, Sept 2022 compared to a year ago:

Rank	Change	Language	Share	Trend
1		Python	28.11 %	-2.6 %
2		Java	17.35 %	-0.9 %
3		JavaScript	9.48 %	+0.2 %
4		C#	7.08 %	+0.1 %
5		C/C++	6.19 %	-0.3 %
6		PHP	5.47 %	-0.8 %
7		R	4.35 %	+0.6 %
8	↑↑	TypeScript	2.79 %	+1.1 %
9	↑↑	Swift	2.09 %	+0.5 %
10	↓↓	Objective-C	2.03 %	+0.2 %

图 1-3　2022 年 9 月的 TIOBE 编程语言排行榜

自从 20 世纪 90 年代初 Python 语言诞生至今，它逐渐被广泛应用于多个领域。由于它简洁、易读以及可扩展性，一些知名的大学已经采用 Python 作为程序设计课程的入门课程。如卡耐基·梅隆大学和麻省理工学院等。众多开源的软件包都提供了 Python 的调用接口，如著名的计算机视觉库 OpenCV、三维可视化库 VTK、医学图像处理库 ITK。Python 专用的科学计算扩展库也越来越多，如 NumPy、SciPy 和 Matplotlib，它们分别为 Python 提供了快速数组处理、数值计算以及绘图功能。因此 Python 非常适合于工程技术人员、科研人员等进行数据处理、图表制作、科学计算等。

1.3　Python 的安装

教学视频

因为 Python 具有跨平台性，所以在不同的平台上需要安装不同的版本。Python 安装程序的下载地址为 https://www.python.org/，可依据自己所使用的平台，选择合适的版本。Python 目前最新发行版本有 2.7.x 和 3.x.x 两个版本，Python 3.x.x 不向下兼容 Python 2.x.x，而绝大多数原有的组件和扩展都是兼容 Python 2.x.x 的，因此，如果需要与原有第三方模块兼容，则选择 Python 2.x.x 比较合适。但 Python 3.x.x 是未来的发展趋势，将来大部分程序将运行在 Python 3.x.x 上，因此这里选 Python 3.x.x 作为学习研究的平台。

在 Windows 平台下安装时，最好将 Python.exe 添加到 Path 环境变量中，也就是在安装时选中 Add Python.exe to Path 选项。

单击 Install Now 按钮就可以开始安装了，依次单击 Next 按钮就可以完成安装，但这种安装方式有点问题，就是安装路径较深，以后保存文件时较难查找。建议还是选择自定义安装，如图 1-4 所示，选中 Add Python 3.7 to PATH 后，单击 Customize installation 按钮开始自定义安装。

图 1-4　将 Python 添加到 Path 环境变量中

然后单击 Next 按钮进入如图 1-5 所示界面后，单击 Install for all users，使本机的所有用户都能使用 Python。然后在下面的文本框中输入安装路径，如输入的路径为 C:\

Python37，这样就把 Python 安装到了 C:\Python37 路径下，也可以单击 Browse 选择一个已经存在的文件夹安装。

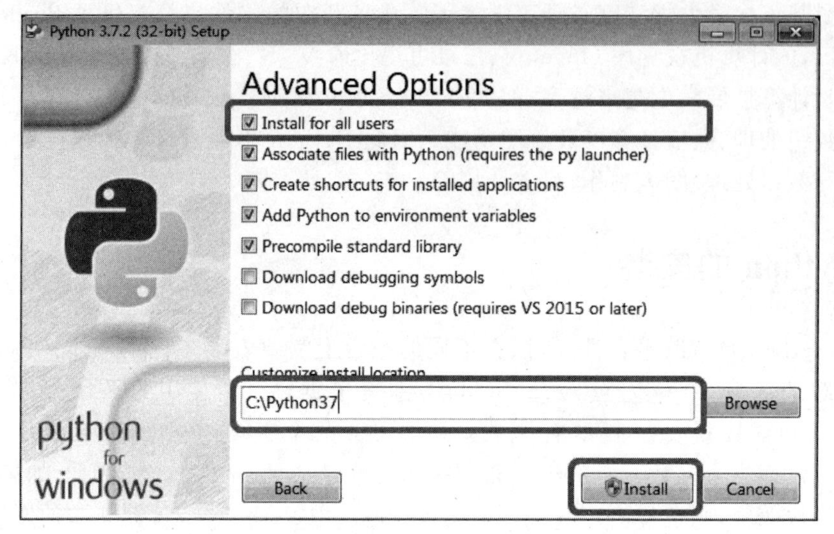

图 1-5　设置安装路径

最后单击 Close 按钮，完成安装。以后编辑的程序文件.py 默认就保存在该安装路径下。

IDLE 下自定义程序保存位置。自定义安装后，程序默认保存在自定义安装文件夹中。也可以创建 IDLE 桌面快捷方式（选择"开始"→Python3.x→右击 IDLE→"发送到"→"桌面快捷方式"命令），右击快捷方式，选择"属性"命令，在弹出窗口的"起始位置"框中输入准备保存程序文件的文件夹路径。那么 IDLE 中编辑的程序就会保存在"起始位置"指定的文件夹中。

教学视频

1.4　快速入门

Windows 操作系统下安装标准版的 Python 后，集成有 Python 解释器，选择"开始"→"所有程序"→Python 3.x→IDLE(Python 3.x GUI)命令打开 Python 自带的 IDLE 解释器，如图 1-6 所示。

Python 解释器的提示符为>>>，在>>>后输入语句即可解释执行。

比如输入 3+5，按 Enter 键，即可得到计算结果为 8。

1. 简单的计算器

可以把解释器当作计算器使用，常用的运算符有+、-、*、/、//、%、**等。下面来计算几个表达式。#后为注释，输入表达式时可以不输入#及其后面部分。

```
>>> 50-5*6
```

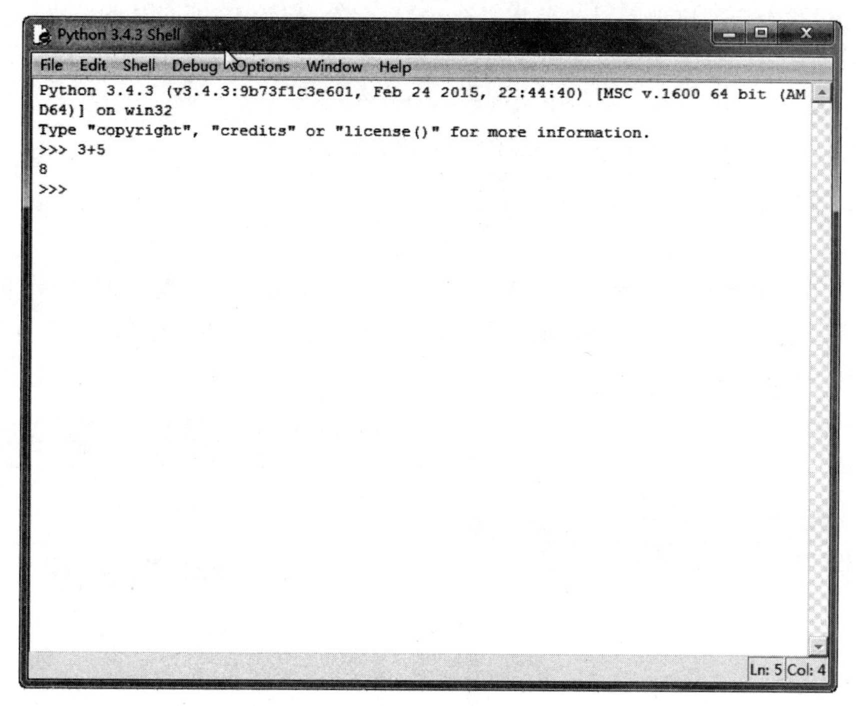

图 1-6　IDLE 解释器

```
20
>>> (50-5*6)/4
5.0
>>> 8/5          #"/"操作符得到的结果将是一个浮点数
1.6
>>> 17//3        #"//"操作符得到除法的整数部分,即整除
5
>>> 17%3         #"%"操作符得到除法的剩余部分,即模运算/取余运算
2
>>> 2**3         #幂乘方运算
8
```

Python 中的操作符当然有优先级,详情请参见第 2 章,如果不想引起操作符优先级的错误,可以使用()把优先计算的表达式包围起来。

2. 编辑程序

编辑并运行程序,可以选择自己心仪的 IDE 环境,附录中已介绍过几个较常用的 IDE 环境,这里介绍 Python 自带的 IDLE 的简单使用方法。

在 IDLE 中选择菜单 File→New File 命令,打开程序编辑窗口,在这里就可以编辑程序。通常程序的第一句是:

```
#-*-coding:utf-8-*-
```

或

```
#coding:utf-8
```

这一语句，表示程序保存时将使用 utf-8 编码保存，因为 Python 是能跨平台处理世界范围内字符的语言，所以最好指定程序保存所用的编码方式。

像许多教程一样，先做一个简单示例程序，如图 1-7 所示。

保存程序：选择菜单 File→Save 命令即可保存程序文件。

3. 程序的运行

运行程序有以下两种方式。

（1）在 IDE 环境中运行程序。在 VS Code 和 PyCharm 中运行程序的方法参见附录 B。在 IDLE 中，选择菜单 Run→Run Module F5 命令即可运行，或者按快捷键 F5 也可以运行程序，如图 1-8 所示。

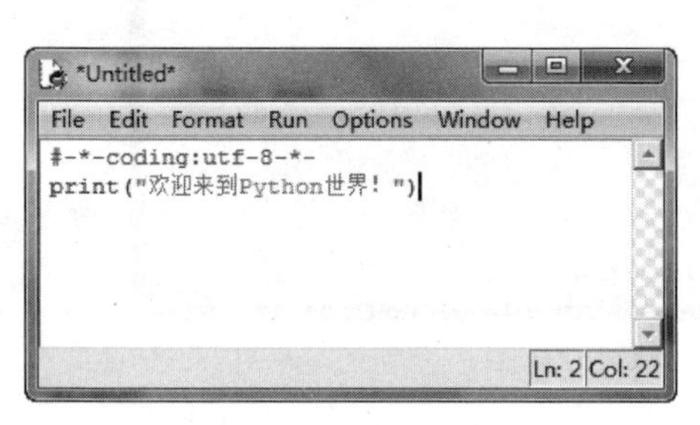

图 1-7 简单示例

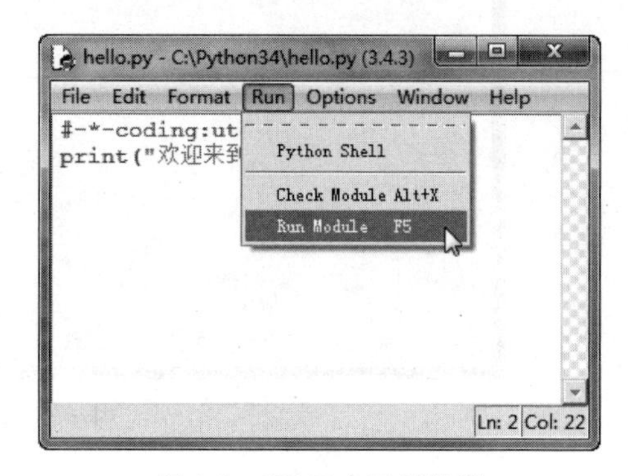

图 1-8 IDLE 中运行程序

（2）命令行下运行程序。Windows 7 操作系统下，打开保存有准备运行的程序的文件夹，按住 Shift 键，在窗口空白处右击，在弹出的快捷菜单中选择“在此处打开命令窗口”命令，即可打开命令行窗口并且工作目录就是程序所在的目录。输入“python 程序名.py”即可执行程序，如图 1-9 所示。

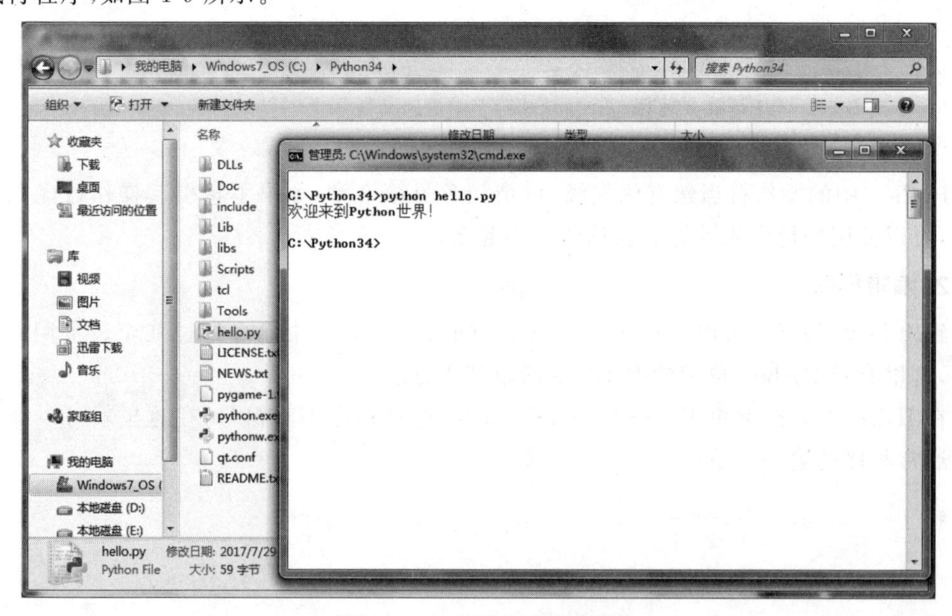

图 1-9 命令行下运行程序

4. 输入/输出

Python 中使用 input()函数实现输入功能，使用的方法如下所示。

```
x=input("提示：")
```

input()函数括号中的"提示："是提示信息，可以写成需要的提示信息，input()函数获取的输入内容是一个字符串，如果要实现其他数据类型的运算，需要进行类型的转换，如下所示。

```
i=int(x)
```

语句把 x 转换成为整数。

Python 的输出语句为 print()，可以把要输出的内容显示在屏幕上，如下所示。

```
>>> x=input("请输入你的年龄：")         #把输入的字符串赋值给变量 x
请输入你的年龄：18
>>> i=int(x)                           #把字符串 x 转变为整数赋值给变量 i
>>> age15=i+15
>>>print(f"15 年后你的年龄是{age15}")
#f"{变量名}"为字符串格式化，将变量的值以特定的格式放到字符串中，详细内容请参见 2.2 节
15 年后你的年龄是 33
```

5. 注释

Python 中的注释分为行注释和块注释。

行注释用＃表示，行注释的作用是告诉解释器＃后面的内容是注释而不是 Python 语句，不用解释执行＃后面的内容。

Python 中用双三引号表示块注释，即这一块文字都是注释，不是程序代码，如图 1-10 所示。

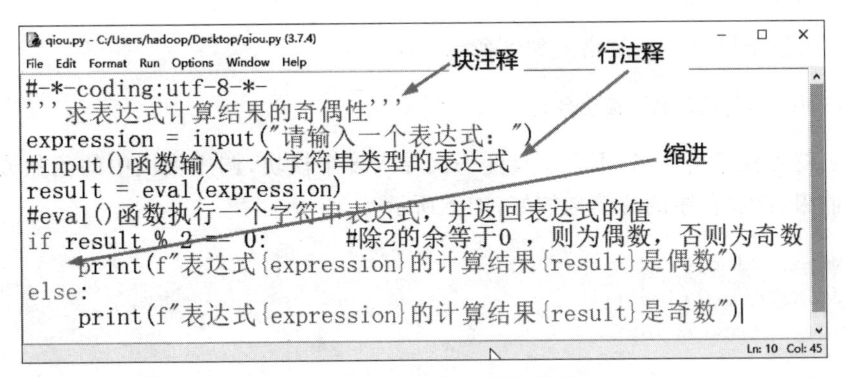

图 1-10　Python 的注释与缩进

6. 缩进

Python 中没有表示语句块的{}，也没有表示行结束的;，而是使用缩进表示程序的逻辑层次关系，Python 解释器也是依靠缩进对代码进行解释和执行的，同时，代码块的合理缩进也能帮助程序员理解代码，并养成良好的编程习惯。例如从键盘输入一个表达式，使用 eval()

函数求值后，若除 2 的余为 0，则为偶数，余不为 0 则为奇数，如图 1-10 所示，缩进表示逻辑的层次关系，缩进越多，则表示逻辑层次越深。

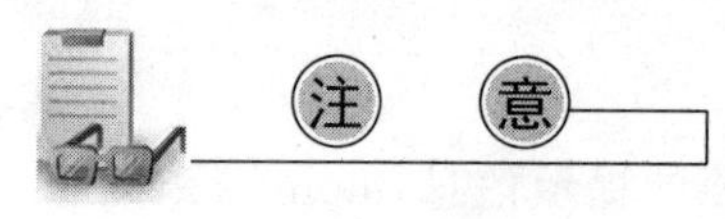

表示缩进开始的冒号(:)不能少。在 IDLE 中，输入英文冒号后，按 Enter 键，编辑器会自动缩进。也可以按 Tab 键增加代码行的缩进，不建议按“空格”键进行缩进。

【例 1-1】 判断表达式值的奇偶性。

```
1  #-*-coding:utf-8-*-
2  '''求表达式计算结果的奇偶性'''
3  expression = input("请输入一个表达式: ")
4  #input()函数输入一个字符串类型的表达式
5  result = eval(expression)
6  #eval()函数执行一个字符串表达式,并返回表达式的值
7  if result % 2 == 0:        #除 2 的余等于 0,则为偶数,否则为奇数
8      print(f"表达式{expression}的计算结果{result}是偶数")
9  else:
10     print(f"表达式{expression}的计算结果{result}是奇数")
```

程序执行时输入(2+9)*(7-3)-2，执行结果如下所示。

```
请输入一个表达式: (2+9) * (7-3)-2
表达式(2+ 9) * (7-3)-2 的计算结果 42 是偶数
```

7. 模块的导入

Python 是以模块来管理函数和类的，要使用某个函数和类，需要导入该模块，常见导入模块的方法有以下两种。

(1) 导入整个模块。一般格式如下所示。

```
import 模块名[,模块名[,模块名]]
```

模块名就是程序文件名，不含.py，可一次导入多个模块，调用模块中的函数或类时，以模块名为前缀，这样程序的可读性较好，如下所示。

```
>>> import time
>>> print(time.ctime())
Mon Jul 31 10:09:24 2017
```

(2) 与 from 联用导入某对象。导入的格式如下所示。

```
from 模块名  import 对象名[,对象名]
```

这种导入方式只导入模块中的一个或多个对象，调用时仅使用对象名，如下所示。

```
>>> from math import sin, pi
>>> sin(pi/2)
1.0
```

8. 使用 help()函数

在学习 Python 的过程中，遇到困惑是很常见的，这时可以使用 help()函数查看帮助信息，如图 1-11 所示。

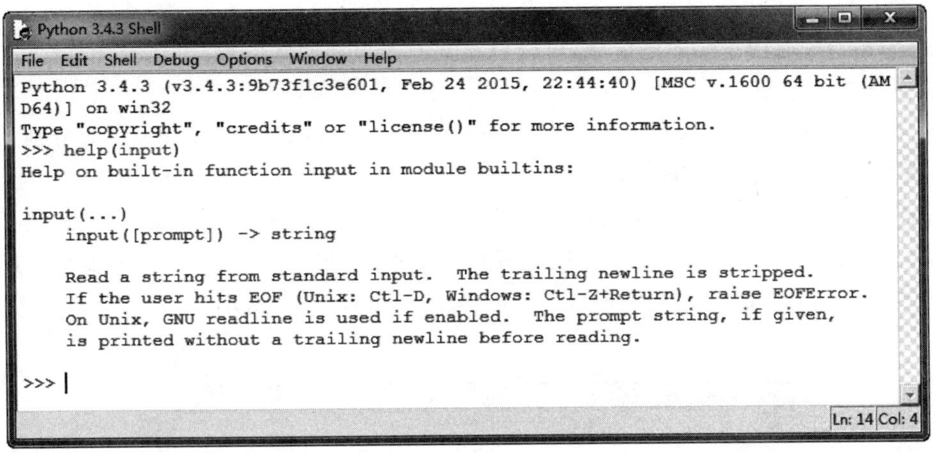

```
Python 3.4.3 Shell
File  Edit  Shell  Debug  Options  Window  Help
Python 3.4.3 (v3.4.3:9b73f1c3e601, Feb 24 2015, 22:44:40) [MSC v.1600 64 bit (AM
D64)] on win32
Type "copyright", "credits" or "license()" for more information.
>>> help(input)
Help on built-in function input in module builtins:

input(...)
    input([prompt]) -> string

    Read a string from standard input.  The trailing newline is stripped.
    If the user hits EOF (Unix: Ctl-D, Windows: Ctl-Z+Return), raise EOFError.
    On Unix, GNU readline is used if enabled.  The prompt string, if given,
    is printed without a trailing newline before reading.

>>> |
Ln: 14 Col: 4
```

图 1-11　使用 help()函数查看帮助信息

还可以使用 help()函数查看模块中对象的帮助信息，如下所示。

```
>>> import math
>>> help(math.sin)
Help on built-in function sin in module math:
sin(...)
    sin(x)
    Return the sine of x (measured in radians).
```

也可以查看整个模块的帮助信息，通常情况下，帮助信息非常多，需要使用者自己查找感兴趣的内容，如下所示。

```
>>> import os
>>> help(os)
```

9. 查看 Python 帮助文档

Python 安装后，通常在 Python 安装目录的 Doc 目录(如 C:\Python37\Doc)下会有 Python 帮助文档 python3xx.chm，打开此文档可以查看 Python 帮助文档。

另外，在浏览器中打开 http://python.usyiyi.cn/translate/python_352/index.html，可以浏览 Python 3.5 中文帮助文档。

1.5　绘制图形

教学视频

Turtle 库是 Python 语言中一个很流行的绘制图像的函数库，想象一只小乌龟，在一个横轴为 x、纵轴为 y 的坐标系原点(0,0)位置开始，根据一组函数指令的控制，在这个平面坐标系中移动，在它爬行的路径上绘制图形。

导入 Turtle 库的方法有两种：第一种方法是 import turtle；第二种方法是 import turtle as t。

第二种方法是导入 Turtle 库，并起别名为 t，以后就用 t 代表 Turtle 库。

1. 画布（Canvas）

就是 Turtle 库用于绘图的区域，可以设置它的大小和初始位置。

设置画布的大小，如下所示。

turtle.screensize(canvwidth=None, canvheight=None, bg=None)，参数分别为画布的宽，高，背景颜色，如 turtle.screensize(800,600, "green")。

turtle.setup(width=0.5, height=0.75, startx=None, starty=None)，输入宽和高为整数时，表示像素；为小数时，表示占据计算机屏幕的比例。(startx, starty)表示矩形窗口左上角顶点的位置，如果为空，则窗口位于屏幕中心，如图 1-12 所示。

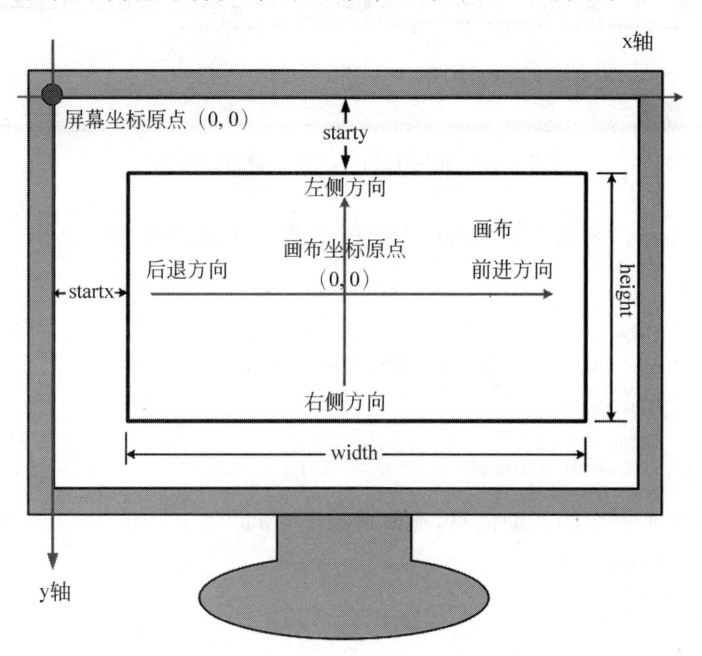

图 1-12　画布的坐标系

2. 颜色（Color）

在 Python 中可以使用字符串表示颜色，如 Red、Yellow 等；也可以使用红、绿、蓝三基色的值表示颜色，默认模式为 1，三基色取值范围为 0～1；turtle.colormode(255)命令可将模式改为 255 模式，值的范围为 0～255，如(0,0,0)表示黑色，(255,255,255)表示白色，(0,255,255)表示青色，(255,255,0)表示黄色，(255,0,255)表示洋红，如表 1-1 所示。

3. 画笔

(1) 画笔的状态。在画布上，默认有一个坐标原点为画布中心的坐标轴，坐标原点上有一只面朝 x 轴正方向的小乌龟。这里描述小乌龟时使用了两个词语：坐标原点（位置）和面朝 x 轴正方向（方向）。Turtle 绘图中，就是使用位置和方向描述画笔的状态。

表 1-1　常见颜色对照表

中文名	英文名	RGB 值	中文名	英文名	RGB 值
红色	Red	(255,0,0)	棕色	Brown	(165, 42, 42)
绿色	Green	(0,255,0)	紫色	Purple	(160,32,240)
蓝色	Blue	(0,0,255)	番茄色	Tomato	(255, 99, 71)
品红	Pink	(255,192, 203)	海贝色	Seashell	(255,245,238)
洋红	Magenta	(255, 0, 255)	黄色	Yellow	(255, 255, 0)
灰色	Grey	(190, 190, 190)	紫罗兰色	Violet	(238, 130,238)
白色	White	(255, 255, 255)	紫红色	Plum	(221,160,221)
青色	Cyan	(0, 255, 255)	橙黄色	Orange	(255, 165, 0)
金色	Gold	(255, 215, 0)	宝蓝色	Royal Blue	(65, 105, 225)

(2) 画笔的属性,包括颜色、画笔的宽度、画笔移动的速度等。

① turtle.pensize():设置画笔的宽度。

② turtle.pencolor():没有参数传入,返回当前画笔颜色,传入参数设置画笔颜色,可以是字符串如 Green、Red,也可以是 RGB 三元组,如(128,128,128)。

③ turtle.speed:设置画笔移动的速度,画笔绘制的速度范围为 0~10 之间的整数,数字越大,速度越快。

4. 绘图命令

Turtle 绘图有许多的命令,这些命令可以划分为 4 种:画笔运动命令,如表 1-2 所示;画笔控制命令,如表 1-3 所示;全局控制命令,如表 1-4 所示;其他命令,如表 1-5 所示。

表 1-2　画笔运动命令

命令/简写	说　明
turtle.forward(distance)/fd(distance)	向当前画笔方向移动指定像素长度
turtle.backward(distance)/bk(distance)	向当前画笔相反方向移动指定像素长度
turtle.right(degree)/rt(degree)	顺时针移动指定角度
turtle.left(degree)/lt(degree)	逆时针移动指定角度
turtle.pendown()/pd()	移动时绘制图形,默认时也绘制
turtle.goto(x,y)	将画笔移动到指定坐标的位置
turtle.penup()/pu()	提起笔移动,不绘制图形,另起一个地方绘制
turtle.circle()	画圆,半径为正(负),表示圆心在画笔的左边(右边)画圆
setx()	将当前 x 轴移动到指定位置
sety()	将当前 y 轴移动到指定位置
setheading(angle)	设置当前朝向为指定角度
home()	设置当前画笔位置为原点,朝向东
dot(r)	绘制一个指定直径和颜色的圆点

表 1-3 画笔控制命令

命　　令	说　　明
turtle.pencolor(colorstring)	设置画笔的颜色
turtle.fillcolor(colorstring)	绘制图形的填充颜色
turtle.color(color1, color2)	同时设置 pencolor=color1, fillcolor=color2
turtle.filling()	返回当前是否在填充状态
turtle.begin_fill()	准备开始填充图形
turtle.end_fill()	填充完成
turtle.hideturtle()	隐藏画笔的形状
turtle.showturtle()	显示画笔的形状
turtle.shape()	设置乌龟的图形形状，取值可为 Arrow、Turtle、Circle、Square、Triangle、Classic

表 1-4 全局控制命令

命　　令	说　　明
turtle.clear()	清空窗口，但是位置和状态不会改变
turtle.reset()	清空窗口，重置状态为起始状态
turtle.undo()	撤销上一个动作
turtle.isvisible()	返回当前是否可见
stamp()	复制当前图形
write(s,move=False,align="left", font=("宋体", 8, "normal"))	写文本，s 为文本内容； move 的值为 True 或 False，此参数为可选值； align 的值为 Left、Center 或 Right，此参数可选值； font 是字体的参数，分别为字体名称，大小和类型；font 为可选项，字体类型的值为 Normal、Bold、Italic

表 1-5 其他命令

命　　令	说　　明
turtle.mainloop() 或 turtle.done()	启动事件循环，调用 Tkinter 的 mainloop 函数，必须是程序中的最后一个语句
turtle.delay(delay=None)	设置或返回以毫秒为单位的绘图延迟
turtle.begin_poly()	开始记录多边形的顶点，当前的位置是多边形的第一个顶点
turtle.end_poly()	停止记录多边形的顶点，当前的位置是多边形的最后一个顶点，将与第一个顶点相连
turtle.get_poly()	返回最后记录的多边形
turtle.mode(mode=None)	设置模式（模式为 Standard、Logo 或 World）并执行。如果没有给出模式，则返回当前模式

【例 1-2】 绘制正方形,如图 1-13 所示。

教学视频

```
1  import turtle as t            #导入 Turtle 库,别名为 t,以便使用
2  t.pensize(5)                  #设置画笔宽度为 5
3  t.forward(100)                #从圆点向前画 100 像素的线段,注意 Turtle 的方向
4  t.left(90)                    #向左转 90 度
5  t.forward(100)                #向前走 100 像素
6  t.left(90)
7  t.forward(100)
8  t.left(90)
9  t.forward(100)
```

【例 1-3】 绘制圆与圆内接多边形,如图 1-14 所示。

```
1  import turtle as t
2  t.circle(100)                 #半径为正,圆心在画笔的左侧
3  t.circle(-100)                #半径为负,圆心在画笔的右侧
4  t.circle(50,steps=3)          #绘制一个半径为 50 的圆内接三角形
5  t.circle(-50,steps=5)         #绘制一个半径为-50 的圆内接五边形
```

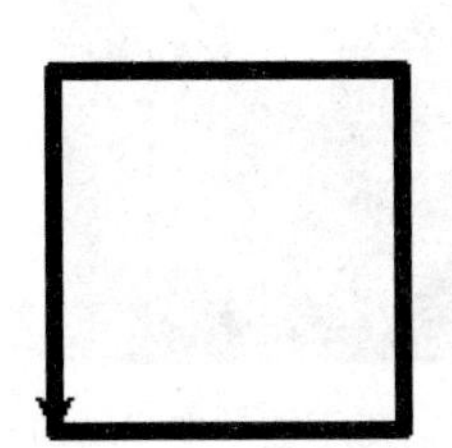
图 1-13 绘制的正方形

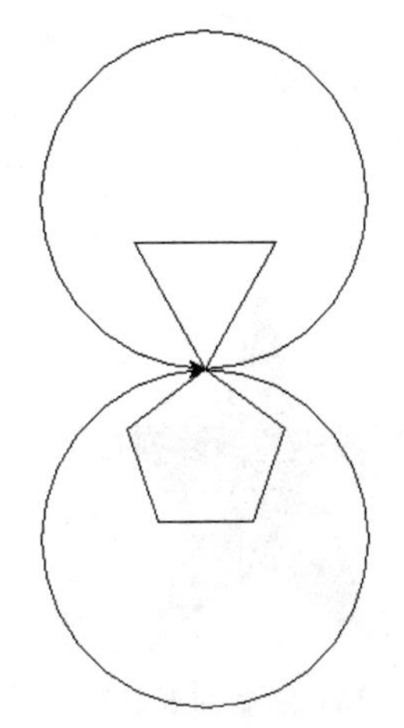
图 1-14 绘制的圆与圆内接多边形

【例 1-4】 画五角星,如图 1-15 所示。

```
1  import turtle as t
2  t.reset()                     #清空窗口
3  t.color("red")                #画笔和填充颜色都为红色
4  t.begin_fill()                #开始填充
5  t.forward(200)                #向前进 200 像素
6  t.right(144)                  #向右转 144 度
7  t.forward(200)
8  t.right(144)
9  t.forward(200)
10  t.right(144)
11  t.forward(200)
12  t.right(144)
```

```
13  t.forward(200)
14  t.end_fill()                          #停止填充
15  t. hideturtle()                       #隐藏图标
16  t.done()                              #停止绘制,但不关闭绘图窗体
```

【例 1-5】 使用绝对坐标绘图,如图 1-16 所示。

```
1   import turtle as t
2   t.shape("turtle")               #设置图标形状
3   t.pensize(2)                    #设置画笔宽度为 2
4   t.speed(1)                      #设置速度为慢
5   t.color("red","green")          #画笔颜色为红,填充色为绿
6   t.begin_fill()                  #开始填充
7   t.goto(100,100)                 #移动到(100,100)位置
8   t.goto(100,-100)
9   t.goto(-100,-100)
10  t.goto(-100,100)
11  t.goto(0,0)
12  t.end_fill()                    #停止填充
13  t.penup()                       #抬起画笔
14  t.goto(-80,-130)                #移动到(-80,-130)位置
15  t.write("绝对坐标绘图",font=("宋体",20,"bold"))      #写文本,宋体,大小为 20,加粗
16  t.hideturtle()                  #隐藏图标
17  t.done()                        #停止绘制,但不关闭绘图窗体
```

图 1-15　绘制的五角星

图 1-16　使用绝对坐标绘图

本章小结

本章介绍了编程语言,包括编程语言的发展历史,每类编程语言的特点、优缺点。然后介绍了 Python 语言的优缺点,发展趋势;重点介绍了 Python 的自定义安装方法、Python 的基本知识和使用 Turtle 库绘制图形的方法。希望通过安装 Python 语言包,使用 Turtle 绘图,读者可以在轻松愉快的氛围中了解并掌握 Python。

思考与练习

一、选择题

1. Python 源代码的扩展名为(　　)。

A. pyt　　B. py　　C. python　　D. pyc

2. Python 程序可以被编译成(　　)字节码文件。

A. pyt　　B. py　　C. python　　D. pyc

3. Python 语言的行注释符为(　　)。

A. //　　B. !　　C. --　　D. #

4. Turtle 的 Color 属性用三基色表示时，有两种模式，即默认模式和 255 模式，可以用(　　)语句将 Color 属性改为 255 模式。

A. turtle.colormode(255)　　B. turtle.colormode(1)

C. turtle.colormode("RGB")　　D. turtle.colormode("255")

5. Turtle 画布的坐标原点在(　　)。

A. 画布的中心位置　　B. 屏幕的左上角

C. 画布的左上角　　D. 画布的左下角

6. Python 绘制图形时，import turtle as t 语句中 t 代表(　　)。

A. 画布　　B. Turtle 库　　C. 海龟　　D. 画笔

二、判断题

1. Python 语言是一门编译型语言。(　　)

2. Python 语言由某商业公司负责开发和运维。(　　)

3. Python 的大量第三方扩展库都是付费的。(　　)

4. PyCharm 软件是开源的，可以随便下载使用。(　　)

5. Visual Studio Code 是 C# 开发工具包，不能用于 Python 开发。(　　)

6. Python 开发程序不可以转变成为 EXE 格式的文件。(　　)

7. Python 程序是以空格作为层次关系标识符的。(　　)

8. Python 编辑器通常都具有提示功能。(　　)

9. Python 代码可以被任何人随意查看，没有办法加密保护版权。(　　)

三、简答题

1. 简述 Python 程序的执行方法。

2. 简述 Python 语言的特征及优缺点。

四、编程题

1. 使用 Turtle 库绘制一个如图 1-17 所示的图形，要求：线为红色，内部用蓝色填充，水平线长为 200 像素，左右两边为半圆，半圆半径为 100 像素。注：半圆的画法 Circle(半径，角度)。

图 1-17　运动场状图形

2. 绘制一个如图 1-18 所示的图形，并附上文字“I Love You”，要求：心形的线条为红色，填充色为 Pink，文字为红色。最后隐藏 Turtle 图标。注：不要用循环绘制图形。输出文字之前，用 penup()提起画笔，goto(x,y)把画笔移动到新位置，pendown()落笔，write("输出文字",font=("微软雅黑",30,"bold"))，绘制思路如图 1-19 所示。

图 1-18　绘图图例

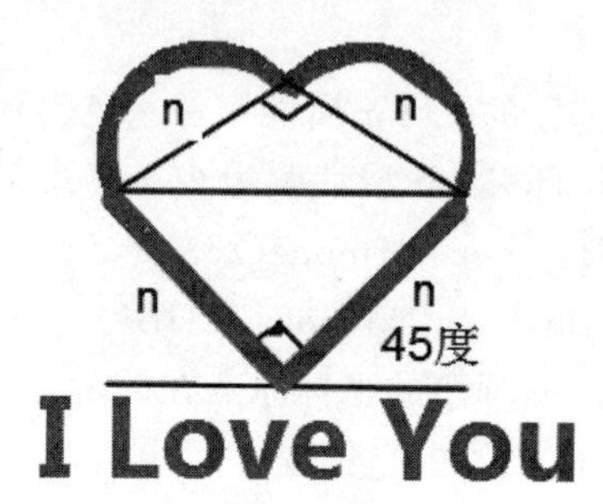

图 1-19　绘图提示

3. 参照图 1-20，画一个小车，尺寸如图 1-20 所示，最后，在图下方标注学号，姓名。提示：小车左上、右上角为 1/4 弧。

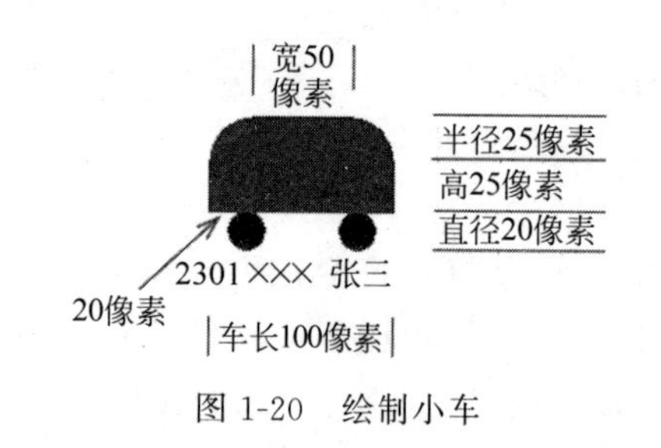

图 1-20　绘制小车

4. 使用 Turtle 库绘制一个小动物，题材不限。

5. 使用 Turtle 库绘制一个花朵，题材不限。

6. 用 Turtle 库绘制一个动态的图形，题材不限，内容不限。

第2章

数据类型及其运算

1. 掌握 Python 常用的数据类型，数据的类型转换、比较、运算。
2. 掌握字符串的表达方式。
3. 掌握字符串的格式化方式。
4. 了解字符串的编码方式。
5. 了解字符串常用函数。

数据类型是学习一门编程语言必须首先掌握的知识，Python 中的数据类型与 C 语言等编译型语言不太一样，在 C 语言中的数据类型需要预定义，而 Python 不用，Python 是根据赋值的结果自动识别数据类型的，这样做虽然使用起来非常方便，但同时也降低了执行效率。Python 中的数据类型有布尔型、整型、复数、浮点型实数等数据类型，下面分别加以介绍。

2.1 数值类型

教学视频

程序最基本的功能就是对数据进行处理，在程序运行过程中，若数据的值是不发生变化的量，则称为“常量”。Python 常量包括布尔值、数值、字符串和空值。下面就来介绍这些数据类型。

2.1.1 布尔型

该类型只有两个值，即布尔值 True 和 False，尽管布尔值看上去是 True 和 False 两个值，但事实上它是整型的子类，对应于整数类型的 1 和 0，在数学运算中，布尔值的 True 和 False 分别对应于 1 和 0；对于值为 0 的任何数字或空集在 Python 中的布尔值都是 False。例如：

```
>>> bool(1)
True
>>> bool(0)
False
>>> bool(True)
True
>>> bool('0')
True
>>> a=13
>>> b=a<100
>>> b
True
>>> b+100
101
>>> True+True
2
>>> True-False
1
>>> True * False
0
```

Python语言中有一个特殊的值None，它表示空值，它不同于逻辑值False、数值0、空字符串''，它表示的含义就是没有任何值，它与其他任何值的比较结果都是False。

```
>>> None == False
False
>>> ''== None
False
>>> None == 0
False
```

2.1.2 整型

在Python中整型是最常用的数据类型，它的取值范围与所用机器有关，在32位机器上取值范围是$-2^{31}\sim2^{31}-1$，即$-2147483648\sim2147483647$；在64位机器上，取值范围是$-2^{63}\sim2^{63}-1$，即$-9223372036854775808\sim9223372036854775807$。Python中标准整型也支持八进制与十六进制，当用八进制表示整数时，数值前面要加一个前缀0o；当用十六进制表示整数时，数字前面要加前缀0X或0x；当用二进制表示整数时，数值前面要加一个前缀0b。

```
>>> import sys
>>> print(sys.maxsize)
9.22337E+18
>>> aa=0X123
>>> bb =0x345
>>> cc=0o123    #注意：第一个字符为数字0，第二个字符为字母o
>>> print(aa)
291
>>> print(cc)
```

```
83
>>> dd=0b11
>>> print(dd)
3
```

2.1.3 浮点型

浮点数用于表示带有小数的数据，通常都有一个小数点和一个可选的后缀 e，在 e 和指数之间可以有正(＋)或负(－)表示指数的正负(正数可以省略符号)。

```
>>> a=0.0
>>> b=-1234.
>>> c=3.4
>>> d=-3.23445
>>> e=2.3e4                  #等号左侧的 e 为变量，右侧的 e 表示 10 的 n 次方
>>> e
23000
>>> f=-2.2345e-3
>>> f
-0.0022345
```

2.1.4 复数

复数由实数部分和虚数部分构成，表示方法为 real＋imagj，实数部分和虚数部分都是浮点型，虚数部分必须加后缀 j 或 J。下列是复数的例子：

23.45＋2j　2.34-98.6j　65.34＋342.1j　3.21e12＋34.52e-12j　－.1234＋0j

2.1.5 数据类型转换

当有多个数据类型进行混合运算时，就涉及数据类型的转换问题。当两个数的类型一致时没有必要进行类型转换；当类型不同时，Python 会检查一个数是否可以转换为另一个类型，如果可以则自动进行类型转换。数据类型转换的基本原则是：布尔型转换为整型；整型转换为浮点型；浮点型转换为复数。

```
>>> True+123                 #True 转换为整数 1，再与 123 进行加法运算
124
>>> 3+4.5                    #整数 3 先自动转换为浮点数 3.0，再与 4.5 进行加法运算
7.5
>>> 5.6+(1.2+3.4j)           #浮点数 5.6 先自动转换为复数 5.6+0.0j，再进行运算
(6.8+3.4j)
```

数据类型转换是自动的，不需要编码进行类型转换。但是，在一些特定的场合下，需要进行一些数据类型转换。转换函数有 int()、float()、complex()，可以使用 type()函数检测数据的类型。

```
>>> int(3.4)                 #将浮点数 3.4 转换为整数，结果为 3
3
>>> float(3)                 #将整数 3 转换为浮点数，结果为 3.0
```

```
3.0
>>> int(-2.6)              #将浮点数转换为整数,结果为-2
-2
>>> complex(3.4, -4.5)     #用两个浮点数构造一个复数
(3.4-4.5j)
>>> complex(5)             #将整数转换为复数
(5+0j)
>>> complex(3.4e5,54.34e9)
(340000+54340000000j)
>>> type(3.4)              #检测数字 3.4 的类型
<class 'float'>
>>> type(3)
<class 'int'>
```

进行类型转换的函数中还有一个特殊的函数 eval()，它能将字符串转化为表达式并求值。

```
>>>x = 7
>>> eval( '3 * x' ) #将字符串'3 * x'转换为表达式 3 * x,再将 x 的值代入即可求出表达式的值
21
>>> eval('pow(2,2)')
4
>>> eval('2+2')
4
```

教学视频

2.1.6 数据的比较

Python 中数据大小的比较运算符有==、>=、<=、!=、>、<分别表示等于、大于等于、小于等于、不等于、大于、小于运算。

```
>>> 45.23==12.43
False
>>> 45.23>=12.43
True
>>> 45.23<=12.43
False
>>> 45.23!=12.43
True
```

==、>=、<=、!=中等号都是在后面的。

比较两个浮点数是否相等时，存在不确定尾数问题，如下所示。

```
>>> 0.3 == 0.1+0.2
False
```

False 说明结果是不正确的，这不是程序出现了问题，在很多编程语言中都有这种情况

存在，出现这个问题的原因是 Python 中用 53 位二进制数表示浮点数的小数部分，如 0.1 表示为：

0.00011001100110011001100110011001100110011001100110010(二进制)

这个数无限地接近 0.1，但不完全等于 0.1，把这个数转换为十进制大约是下面这个数：

0.1000000000000000055511151231257827021181583404541015625(十进制)

在 0.1 后面有一个尾数，这就叫不确定尾数，尾数范围在 $0\sim10^{-16}$ 之间。浮点数运算时，先把十进制转换为二进制进行运算，然后转换为十进制，一定会存在不确定尾数问题，如下所示。

```
>>> 0.1+0.2
0.30000000000000004
```

解决这个问题的办法是使用 round(x,d)函数取 x 的 d 位小数位，把不确定尾数去除，如下所示。

```
>>> round(0.1+0.2,2)
0.3
>>> 0.3 == round(0.1+0.2,2)
True
```

2.1.7　数值运算

Python 的数值运算符有单目操作符正号(+)、负号(−)；双目运算符+、−、*、/、%、**、//分别表示加、减、乘、除、取余、乘方、整除。运算示例如下。

```
>>> 1+3.4
4.4
>>> 4.5-8
-3.5
>>> 45*-3
-135
>>> 13%3
1
>>> 13/3
4.333333333
>>> 2**4
16
>>> 1//3
0
>>> 13//3
4
```

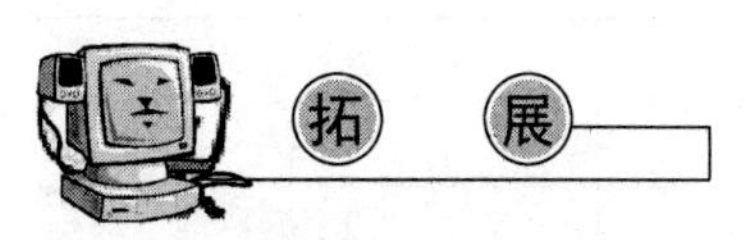

被除数为负数的商和余数。

```
>>> -13//3      #比-13小且能被 3 整除的数为-15,-15 除 3 的商为-5
```

```
-5
>>> -13%3        #比-13小且能被3整除的数为-15,-13比-15大2,因此余数为2
2
```

2.1.8 逻辑运算

编程语言中的逻辑运算与逻辑学中的逻辑运算是一致的。布尔型数据的值有True和False,逻辑表达式还可以进行与、或、非运算,运算的过程如下所示。

1. 逻辑与(and)运算

进行逻辑与运算时,只有两个逻辑值都为True时,运算结果才为True,其余运算结果都是False。具体运算结果参见下面过程及表2-1。

```
>>> True and True
True
>>> True and False
False
>>> False and True
False
>>> False and False
False
```

表2-1 逻辑与运算

值A	值B	与运算结果
True	True	True
True	False	False
False	True	False
False	False	False

2. 逻辑或(or)运算

两个逻辑值进行逻辑或运算时,只有当两个值均为False时,运算结果才为False,其余结果都为True。具体运算结果参见下面过程及表2-2。

```
>>> True or True
True
>>> True or False
True
>>> False or True
True
>>> False or False
False
```

表2-2 逻辑或运算

值A	值B	或运算结果
True	True	True
True	False	True
False	True	True
False	False	False

3. 逻辑非(not)运算

逻辑非运算为单目运算符,是对逻辑值的取反运算,具体运算结果参见下面过程及表2-3。

```
>>> not True
False
>>> not False
True
```

表2-3 逻辑非运算

值A	非运算结果
True	False
False	True

逻辑运算中的短路现象。

```
>>> 0 and 123
0
```

#进行与运算时,左边值为 0,0 与任何值的与运算结果都是假的,and 后面的式子不需要计算了,整个式子的值为假,出现短路现象

```
>>> 123 or 0
123
```

#123 为真,与任何值的或运算结果均为真,因此 or 后面的表达式不需要计算了,整个式子的值为真,运算出现短路现象

2.1.9　按位运算

计算机中数据是用二进制来表示的,每位数据只有两种可能：1 或 0。习惯把 1 认为是逻辑真(True),把 0 认为是逻辑假(False),数据位之间可以进行按位运算。Python 中的按位运算符有按位与(&)、按位或(|)、按位异或(^)、按位取反(～)以及位移运算符：左移(<<)、右移(>>)。

1. 按位与运算

参与运算的两个值,如果两个相应位都为 1,则该位的结果为 1,否则为 0,具体运算结果参见下面过程及表 2-4。

```
>>> 0b1 & 0b1
1
>>> 0b1 & 0b0
0
>>> 0b0 & 0b1
0
>>> 0b0 & 0b0
0
```

表 2-4　按位与运算

值 A	值 B	与运算结果
0b1	0b1	0b1
0b1	0b0	0b0
0b0	0b1	0b0
0b0	0b0	0b0

2. 按位或运算

对应的两个二进位有一个为 1 时,结果位就为 1;只有两个二进位都为 0 时,或运算结果才为 0,具体运算结果参见下面过程及表 2-5。

```
>>> 0b1 | 0b1
1
>>> 0b1 | 0b0
1
>>> 0b0 | 0b1
1
>>> 0b0 | 0b0
0
```

表 2-5　按位或运算

值 A	值 B	或运算结果
0b1	0b1	0b1
0b1	0b0	0b1
0b0	0b1	0b1
0b0	0b0	0b0

3. 按位异或运算

当两个对应的二进位相异时，结果为 1，相同时，运算结果为 0，具体运算结果参见下面过程及表 2-6。

```
>>> 0b1 ^ 0b1
0
>>> 0b1 ^ 0b0
1
>>> 0b0 ^ 0b1
1
>>> 0b0 ^ 0b0
0
```

表 2-6 按位异或运算

值 A	值 B	异或运算结果
0b1	0b1	0b0
0b1	0b0	0b1
0b0	0b1	0b1
0b0	0b0	0b0

4. 按位取反运算

对数据的每个二进制位取反，即把 1 变为 0，把 0 变为 1，具体运算结果如表 2-7 所示。

表 2-7 按位取反运算

值 A	取反运算结果
0b1	0b0
0b0	0b1

5. 左移运算符

左移运算符为<<，把<<左边的运算数的各二进位全部左移若干位，由<<右边的数字指定移动的位数，高位丢弃，低位补 0。

6. 右移运算符

右移运算符为>>，把>>左边的运算数的各二进位全部右移若干位，由>>右边的数字指定移动的位数。

```
>>> 0b01101&0b10011
1
>>> 0b0100|0b0011                #二进制结果为 0b0111，十进制为 7
7
>>> 0b0101^0b0011                #二进制结果为 0b0110，十进制为 6
6
>>> ~13                          #13 的二进制形式为 0b1101，取反运算相当于-x-1
-14
>>> 3<<2                         #左移一位相当于乘 2，左移两位乘 4，左移 3 位乘 8
12
>>> 34>>3                        #右移一位相当于整除 2，右移两位整除 4
4
```

2.1.10 变量

前面已经介绍了常量、常见的数据类型，程序设计中经常用到的还有另外一类量，称为变量。变量是内存中命名的存储位置，与常量的不同之处在于常量在程序运行过程中是不变的，而变量在程序运行过程中是变化的，如下所示。

```
>>> a = 5
>>> a = a+5
>>> a
```

```
10
```

a 就是变量，它的值在程序运行过程中发生了变化，那么变量的使用有何规则呢？接下来将进行探讨。

变量的命名规则如下。

(1) 变量名由字母、数字、下画线及汉字等字符组成。

(2) 变量名的第 1 个字符必须是字母或下画线“_”。

(3) 变量名是区分大小写的。

因此，a、b、var_a、a5、b1、_name、price、myage 等都是有效的变量名，但 1a(第 1 个字符为数字)、My age(中间有空格)、my－price(中间含有减号)等都是不符合规则的变量名。

由于 Python 3 完美地支持 Unicode 编码(关于编码问题详见 2.2.3 小节)，因此，Python 3 中中文可以作为变量名，如下所示。

```
>>> 年龄 = 18
>>> 年龄
18
```

Python 中不用声明变量的数据类型，直接给变量赋值即可使用，Python 会根据变量的值自动判断变量的类型。

变量的赋值如下所示。

```
>>> a = True
>>> b = 13.58
>>> c = "这是字符串"
>>> d = b+128
```

Python 中可以一次对多个变量赋值，如下所示。

```
>>> myname, myage = "王五", 19
>>> myname
'王五'
>>> myage
19
```

Python 中可以使用 id(变量名)求变量的内存地址，如下所示。

```
>>> id(a)
1500529280
>>> f = a
>>> id(f)
1500529280
>>> f = 1
>>> id(f)
1500886704
>>> id(b)
34051440
>>> id(d)
34052616
```

通过上例可以看出，把变量a赋值给另一变量f后，id(a)与id(f)是相同的；执行f=1赋值运算后，id(f)(1500886704)与id(a)(1500529280)的值变得不同了。同理，执行d=b+128运算后，id(b)(34051440)与id(d)(34052616)的值也变得不同了。

2.1.11 赋值运算

赋值运算指进行运算并将结果赋值给某一变量。下面的代码假设a的值为10，b的值为5，赋值运算符的具体用法如表2-8所示。

表2-8 赋值运算符

运算符	描　述	实　例
=	简单的赋值运算符	c=a+b 将a+b的运算结果赋值给c
+=	加法赋值运算符	c+=a 等效于 c=c+a
-=	减法赋值运算符	c-=a 等效于 c=c-a
*=	乘法赋值运算符	c*=a 等效于 c=c*a
/=	除法赋值运算符	c/=a 等效于 c=c/a
%=	取模赋值运算符	c%=a 等效于 c=c%a
**=	幂赋值运算符	c**=a 等效于 c=c**a
//=	取整除赋值运算符	c//=a 等效于 c=c//a

示例如下所示。

```
>>> a=10
>>> b=5
>>> c=a+b
>>> print("c=a+b, c=",c)
c=a+b, c= 15
>>> print("'c=a+b', c=",c)
'c=a+b', c= 15
```

c=c+a的含义是变量c加上变量a的和再赋值给变量c，此时变量c的值已经发生了变化，是c+a的和了。为了简单明了，可以使用下面的+=运算符。

```
>>> c += a                          #c+=a 相当于 c=c+a
>>> print("'c+=a', c=",c)
'c+=a', c= 25
>>> c -= a                          #c-=a 相当于 c=c-a
>>> print("'c -= a', c=",c)
'c -= a', c= 15
>>> print("'c *= a', c=",c)        #c*=a 相当于 c=c*a
'c *= a', c= 150
>>> c /= a                          #c/=a 相当于 c=c/a
>>> print("'c /= a', c=",c)
'c /= a', c= 15.0
>>> c %= a                          #c%=a 相当于 c=c%a
```

```
>>> print("'c %= a', c=",c)
'c %= a', c= 5.0
>>> c **= a                         #c**=a 相当于 c=c**a
>>> print("'c **= a', c=",c)
'c **= a', c= 9765625.0
>>> c //= a                         #c//=a 相当于 c=c//a
>>> print("'c //= a', c=",c)
'c //= a', c= 976562.0
```

2.1.12　Python 运算符优先级

Python 运算符是有优先级的，优先级高的运算符先运算，优先级低的运算符后运算。Python 运算符优先级如表 2-9 所示，列出从最高到最低优先级的所有运算符。

表 2-9　Python 运算符优先级

<table>
<tr><th>运　算　符</th><th>描　　述</th></tr>
<tr><td>**</td><td>指数</td></tr>
<tr><td>～　＋　取反</td><td>按位取反、一元加号和减号</td></tr>
<tr><td>*　/　%　//</td><td>乘、除、取余和取整除</td></tr>
<tr><td>＋　－</td><td>加法减法</td></tr>
<tr><td>>>　<<</td><td>右移、左移运算符</td></tr>
<tr><td>&</td><td>按位与</td></tr>
<tr><td>^　|</td><td>按位运算符</td></tr>
<tr><td><=　<　>　>=</td><td>比较运算符</td></tr>
<tr><td><>　==　!=</td><td>等于运算符</td></tr>
<tr><td>=　%=　/=　//=　-=　+=　*=　**=</td><td>赋值运算符</td></tr>
<tr><td>is　is not</td><td>身份运算符</td></tr>
<tr><td>in　not in</td><td>成员运算符</td></tr>
<tr><td>not</td><td rowspan="3">逻辑运算符</td></tr>
<tr><td>and</td></tr>
<tr><td>or</td></tr>
</table>

示例如下所示。

```
>>> a=30
>>> b=20
>>> c=15
>>> d=5
>>> e=(a+b) * c/d
>>> print(e)
150
>>> e=(a+b) * (c/d)
>>> print(e)
150
```

```
>>> e = a+(b * c) / d
>>> print(e)
90
```

运算符优先级不确定时，可以使用括号将先运算的表达式括起来，以免出现错误。

教学视频

2.2 字符串

字符串是Python中最常见的数据类型，通过单引号、双引号和三引号(字符串两边各有三个单引号或双引号)来表示字符串，如下所示。

```
>>> str1 = 'this is the first string.'
>>> str2 = "this is the second string."
>>> str3 ="简·爱曾说过：'人活着就是为了含辛茹苦。'我可不这么认为，我的信条是：'快快乐乐过好每一天。'"
>>> print(str3)
简·爱曾说过：'人活着就是为了含辛茹苦。'我可不这么认为，我的信条是：'快快乐乐过好每一天。'
str4 = '''床前明月光，
疑是地上霜。
举头望明月，
低头思故乡。'''
>>> print(str4)
床前明月光，
疑是地上霜。
举头望明月，
低头思故乡。
```

从上面的例子可以看出，在Python中，单引号、双引号、三引号都是字符串的定界符，只要它们成对出现，中间就可以再出现其他类型的引号。三引号主要用于表达较长的字符串，在三引号内的字符串可以包括回车等特殊字符串。

在单引号与双引号表示的字符串中很难表示制表符、回车、引号等特殊符号，为了在字符串中表示这种表达比较困难的符号，在字符串中引入了转义符，常见的转义符如表2-10所示。

表2-10 常见转义符

转义字符	描　　述
\(在行尾时)	续行符
\\	反斜杠符号
\'	单引号
\"	双引号

续表

转义字符	描　　述
\a	响铃
\b	退格(Backspace)
\e	转义
\000	空
\n	换行
\v	纵向制表符
\t	横向制表符
\r	回车
\f	换页
\oyy	八进制数 yy 代表的字符,例如\o12 代表换行
\xyy	十六进制数 yy 代表的字符,例如\x0a 代表换行
\other	其他的字符以普通格式输出

示例如下所示。

```
>>> str5 = 'It\'s a cat'
#字符串中的 It's 表示缩略语,为了不与最外边的单引号混淆,加入"\",表示单引号本身。
>>> print(str5)
It's a cat
>>> str6 ='Python 的特点是: 简单易学\t 跨平台\t 丰富的第三方库。'
>>> print(str6)
Python 的特点是: 简单易学	跨平台	丰富的第三方库。
>>> str7 ='Python 的特点是: 简单易学\n 跨平台\n 丰富的第三方库。'
>>> print(str7)
Python 的特点是: 简单易学
跨平台
丰富的第三方库。
```

2.2.1　字符串的简单运算

字符串的基本运算符包括+、*、in。

```
>>> str1='Python 的特点是: '
>>> str2="简单易学、"
>>> str3="跨平台、"
>>> str4="丰富的第三方库。"
>>> str1+str2+str3+str4
'Python 的特点是: 简单易学、跨平台、丰富的第三方库。'
>>> str5="发展的原动力是: "
>>> str6="创新!"
>>> str5+str6*3          #将 str6 重复 3 次
'发展的原动力是: 创新!创新!创新!'
```

```
>>> 'Python' in str1
True
```

判断前面的字符串是否在后面的字符串中，即前面的字符串是否为后面字符串的子串。

2.2.2 字符串的格式化

字符串是程序展示运算结果、向网页显示数据、向文件输出数据的重要手段，为了让数据具有更好的可读性和灵活性，需要对字符串进行格式化。例如，有一组数据：全年级人数为 1242 人、及格率 96%、优秀率 15%、平均成绩 78.5436 分。

如何将数据显示为下列形式？

全年级 1242 名学生《Python 程序设计》及格率达 96%，优秀率达 15%，平均成绩 78.54 分。

上面的字符串中包括千位分隔符、百分数、小数等，可以设置数据的显示宽度（字符数）、千位分隔符、小数的位数等，通过格式化可以使数据阅读起来更方便。Python 有三种格式化方式。

(1) 第一种为'%控制符'格式化方式。

(2) 第二种为'{}'.format()格式化方式。

(3) 第三种为 f'字符串'格式化方式。

第一种方式所有 Python 版本都支持；第二种方式只有 Python 3 支持，Python 2 不支持；第三种方式从 Python 3.6 才开始支持，但语法更简洁，使用更方便。本书重点介绍第三种格式化方式，有兴趣或需求的读者可以自己参考有关资料学习第一或第二种格式化方式。

从 Python 3.6 开始引入了 f'字符串'格式化方法，主要目的是使格式化字符串的操作更加简便，因此，本书推荐使用 f'字符串'格式化方式，但这种方式要求 Python 必须为 3.6+版本。f'字符串'在形式上是以 f 或 F 修饰符引领的字符串（f'xxx'或 F'xxx'），以大括号{}标明被替换的内容；f'字符串'在本质上并不是字符串常量，而是一个在运行时运算求值的表达式，如下所示。

```
>>> name = '刘备'
>>> f'大家好!我叫 {name}'
'大家好!我叫刘备'
```

首先申明一个变量 name，在字符串中的{name}表示将被替换的内容，将用变量 name 去替换。

```
>>> number = 8
>>> F'我的幸运数字是{number}'
'我的幸运数字是 8'
>>> f'A 表达式的值为 {7.5 * 6+4}'        #{}中可以是表达式
'A 表达式的值为 49.0'
>>> f 他说: {"I'm Eric"}
#字符串可以用单引号、双引号、三引号定界，只要不冲突即可
'他说: "I'm Eric"'
>>> subject= 'math'
>>> score =91.5
```

```
>>> f'{subject.upper()} is {score}'        #调用函数,对函数返回值格式化
'MATH is 91.5'
```

Python 支持的常见格式控制符如表 2-11 所示。

表 2-11　Python 支持的常见格式控制符

格式	说　明	格式	说　明
c	字符与编码	d	整数
o	八进制数	u	无符号整数
f/F	浮点数,可指定小数位数	x/X	十六进制数
i	十进制整数	e/E	科学计数法格式化浮点数
%%	字符%	g 或 G	浮点数字(根据值的大小采用 e 或 f)

Python 支持的数据对齐控制符如表 2-12 所示。

表 2-12　数据对齐控制符

运算符	描　述
^	数据居中对齐,后面可带宽度
<	数据左对齐,后面可带宽度
>	数据右对齐,后面可带宽度
:	后面带填充的字符,只能是一个字符,不指定则使用默认的空格进行填充

示例如下所示。

```
>>> num= 520
>>> f'{num:5d}'                  #格式化输出 num 变量,指定为 5 位宽度十进制整数
'520'
>>> f'{num:>5d}'                 #指定右对齐,左侧由两位默认空格填充
'520'
>>> f'{num:0>5}'                 #5 位左对齐,左侧由 0 填充
'00520'
>>> f'{num:¥>5d}'                #5 位右对齐,左侧由¥填充
'¥¥520'
>>> f'{num:b}'                   #二进制格式化
'1000001000'
>>> f'{num:o}'                   #八进制格式化
'1010'
>>> f'{num:x}'                   #十六进制格式化
'208'
>>> char=65
>>> f'{char:c}'                  #将 char 变量输出为一个字符,可见 A 的 ASCII 编码为 65
'A'
>>> a = 1234                     #格式化输出变量时,":"前面为变量,后面为格式控制符
>>> f'a is {a:^#10X}'
#^表示居中,10 表示宽度为 10 位,X 表示十六进制整数(大写字母),#表示显示 0X 前缀
'a is 0X4D2'
```

```
>>> b = 1234.5678
>>> f'b is {b:<+10.2f}'
#左对齐,宽度为10位,显示正号(+),定点数格式,保留2位小数
'b is +1234.57'
>>> c = 12345678
>>> f'c is {c:015,d}'
#高位补零,宽度为15位,d为十进制整数,使用千分分割位
'c is 000,012,345,678'
>>> d = 0.5+2.5j
>>> f'd is {d:30.3e}'          #宽度为30位,使用科学计数法,保留3位小数
'd is 5.000e-01+2.500e+00j'
```

上文中讲到的格式化字符串可以用以下代码实现。

```
>>> rs=1242
>>> jgl=96
>>> yxl=15
>>> avg = 78.5436
>>> f'全年级{rs:,d}名同学《Python程序设计》及格率达{jgl:d}%,优秀率达{yxl:d}%,平均成绩{avg:6.2f}分。'
'全年级1,242名同学《Python程序设计》及格率达96%,优秀率达15%,平均成绩78.54分。'
```

教学视频

2.2.3 字符串的编码

计算机在设计之初(1963年)用一个字节(Byte)中的7位(bit)来表示一个拉丁字符、数字和一些符号,这就是ASCII编码(American Standard Code for Information Interchange,美国标准信息交换代码)。很快ASCII的弊端就显现出来了,ASCII最多只可以表示128个字符,对于非拉丁语系语言,比如汉语、韩语、日语、阿拉伯语等,需要几万个字符,因此需要对7位的编码方式进行扩展,于是出现了Unicode编码,Unicode编码使用4字节(32位)表示一个字符,它可以表示的字符数为100多万个,Unicode编码虽然解决了世界范围内的编码问题,但造成了存储空间的浪费,比如一个英文字符用最后的一个字节表示,前面三个字节全为0。为了避免浪费,出现了UTF-8编码,它规定可以根据不同的符号自动选择编码的长短。对于ASCII字符的编码使用单字节,和ASCII编码一模一样,这样所有原先使用ASCII编码的文档就可以直接转到UTF-8编码了。对于其他字符,则使用2～4个字节来表示。UTF-8编码是Unicode编码的简略形式,这样UTF-8编码既解决了世界范围内字符的编码问题,也不至于造成存储空间的浪费。

Python 3使用Unicode编码方式表示世界范围内的字符,彻底解决了编码问题,这是Python 3与Python 2的最大不同。为了说明程序文件采用UTF-8编码,通常在程序的第一行加上一句#-*-coding:utf-8-*-或者#coding:utf-8。

Python涉及字符编码的函数有以下几种。

1. len()函数

len()函数的功能是计算字符串的长度,在Python 3中不管字符是几个字节,Python 3都把它当作一个字符,如下所示。

```
>>> str1="Python是一门最适合于初学者的语言"
>>> len(str1)
19
```

2. str ()函数

str()函数的功能是将其他数据类型转换为字符串类型，如下所示。

```
>>> pi=3.1415926
>>> str(pi)
'3.1415926'
```

3. chr ()函数

chr()函数的功能是将编码转换为字符，如下所示。

```
>>> charcode = 65
>>> chr(charcode)
'A'
>>> chr(20013)
'中'
```

4. ord ()函数

ord()函数的功能是求字符的编码，如下所示。

```
>>> ord('A')
65
>>> ord('中')
20013
```

2.2.4 字符串常用函数

Python 提供了大量的函数对字符串进行操作，通过 dir("")可以查看 Python 内置的支持字符串的函数，表 2-13 列举了一些字符串常用函数。

表 2-13 常用字符串函数

函数名	功　能	示　例
find()	查找字符串中的子串	>>>"peach,桃子;banana,香蕉;".find('banana') 9
split()	把字符串分割成若干个子字符串	>>>"apple,banana,orange,peach".split(',') ['apple','banana'.'orange','peach']
join()	把若干个字符串连接起来	>>>li=['my','name','is','Tom'] >>>' '.join(li) 'my name is Tom'
lower()	将字符串转成小写字母	>>>"I Love Python Language!".lower() 'I love pythom language! '

续表

函数名	功　能	示　例
upper()	将字符串转换为大写字母	>>>"I Love Python Language!".upper() 'I LOVE PRTHON LANGUAGE! '
capitalize()	将字符串的第一个字母转换为大写	>>>"i love python language!".capitalize() 'I love python language! '
title()	将每个单词的首字母转换为大写	>>>"i love python language!".title() 'I Love Python Language! '
replace()	实现查找替换功能	>>>'我爱我的祖国——中国'.replace('中国','中华人民共和国') '我爱我的祖国——中华人民共和国'
str()	把任意对象转换为字符串	>>>str(97.8) '97.8'
float()	把字符串转换为浮点数	>>>float(108.78) 108.78
int()	将字符串转换为整数	>>>int('123') 123
strip()	去除字符串前后的空格或指定的其他字符	>>>'　　===I Love You! ===　　'.strip(" =") 'I Love You! '
lstrip()	去除字符串左边的空格或指定的其他字符	>>>'　　I Love You!　　'.lstrip() 'I Love Tou!　　'
rstrip()	去除字符串右边的空格或指定的其他字符	>>>"-----您好======".rstrip('=') '-----您好'
(not) in	判断一个字符串是否出现在另一个字符串中	>>>'love' in 'I love you' True >>>'love' not in 'I love you' False
isalpha()	判断字符串是否是字符	>>>'abcde'.isalpha() True
isdigit()	判断字符串是否是数字	>>>'123456'.isalnum() True
isalnum()	判断字符串是否是字符或数字	>>>'a123'.isalnum() True

本章小结

本章介绍了Python的基本数据类型、数据的运算和字符串。数据运算过程中涉及类型转换问题，转换分为自动转换和强制类型转换；数据的比较，需要注意比较符的写法；数值的运算，需要注意取余和整除运算；逻辑运算与逻辑学中的运算是一样的；按位运算时，应注意异或运算和位移运算；运算符是有优先级的，若对优先级不确定时使用括号将优先运算的表达式括起来是很好的习惯。字符串的定界符有单引号、双引号、三引号，它们可以嵌套使用；字符串的格式化，本章介绍了最新的方式，要注意理解；本章介绍了 Unicode 编码，UTF-8 编码是 Unicode 编码的简略形式；字符串常用函数在程序设计中经常用到，要注意学习。

思考与练习

一、选择题

1. 下列运算符中级别最高的是(　　)。

　A. |　　B. &　　C. **　　D. ~

2. 按位或运算符是(　　)。

　A. |　　B. &　　C. ^　　D. ~

3. 幂运算符为(　　)。

　A. *　　B. ++　　C. **　　D. %

4. 下列(　　)不是有效的变量名。

　A. myname　　B. _a5　　C. list_a　　D. dict-b

5. 下列符号中(　　)不可以作为字符串的定界符。

　A. ''　　B. "　　C. ''' '''　　D. [ ]

6. 下列的运算符中(　　)可以对集合进行并运算。

　A. |　　B. &　　C. ^　　D. ~

7. Python 字符串中，(　　)表示转义符。

　A. \　　B. /　　C. %　　D. #

8. a=3.1415926，下列表达式中输出值为：3.142 的是(　　)。

　A. f'{a:.3f}'　　B. f'{a:<5.3}'　　C. f'{a:>8.3f}'　　D. f'{a:.3i}'

二、判断题

1. Python 中的 None 等于 0。(　　)
2. Python 中的八进制用两个 0+数字表示，如 0034。(　　)
3. 复数是由实部和虚部两部分构成的。(　　)
4. Python 中整除运算符为/，除法运算符为//。(　　)
5. Python 中 a-2 可以作为变量名。(　　)
6. Python 中变量 aa 与 AA 是相同的。(　　)
7. 比较运算符有=>、=<、==、=!、>、<等。(　　)
8. 赋值运算符有=、+=、-=、*=、/=、%=、**=、//=等。(　　)
9. 当书写表达式时，不确定各运算符的优先级时，可以使用括号，括号中的优先级高。(　　)

第3章

程序的结构

1. 了解程序的基本结构。
2. 掌握程序的分支结构：单分支结构、双分支结构、多分支结构。
3. 掌握程序的循环结构：while 循环、for 循环。
4. 掌握循环嵌套。
5. 掌握 break 和 continue 语句的作用。

计算机程序导入计算机内，指令按顺序存储，然后一条指令接着一条指令地按顺序执行，这就是所谓的顺序结构。并不是所有程序都按顺序执行，有时需要根据逻辑表达式的值决定执行分支中的哪条路径，这就是分支结构，分支结构有单分支结构、双分支结构、多分支结构，执行哪条分支关键看表达式的值。有时，某些代码块需要反复执行，这种结构叫循环，本章将介绍 while 和 for 两种循环结构。

教学视频

3.1 分支结构

在程序设计过程中，经常会有这样的情况：当某条件为真时，执行一个代码块；而条件为假时，执行另一个代码块。这就是程序中的流程控制，也称为分支结构。Python 中用 if/else 实现分支，当 if 后面的表达式为真时，执行邻近的代码块；当 if 后面的条件表达式为假时，不执行邻近的代码块，而执行 else 后面的代码块。

3.1.1 单分支结构

单分支结构只有一个 if 条件表达式，当 if 条件表达式为真时，执行邻近的代码块；当 if 条件表达式为假时，不执行邻近的代码块，而是执行代码块后的语句，如图 3-1 所示。

【例 3-1】　判断是否及格。

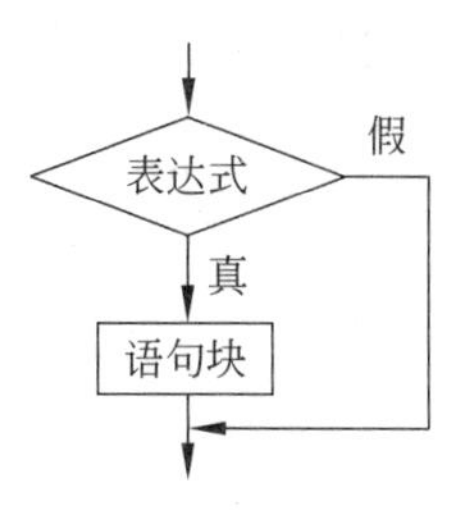

图 3-1　单分支结构

```
1  #coding:utf-8
2  score = eval(input("请输入分数(0~100):"))
3  if score >= 60:
4      print("你已经及格")
5  if score< 60:
6      print("你还未及格")
```

该程序执行时，若输入的成绩使表达式 score>=60 为真，则执行 print("你已经及格")语句，后面的表达式 score<60 则为假，不会执行 print("你还未及格")语句。若输入的成绩使表达式 score>=60 为假，则不执行 print("你已经及格")语句，后面的表达式 score<60 则为真，会执行 print("你还未及格")语句。

下面根据学生输入分数给出成绩的档次。

【例 3-2】　判断成绩的档次。

```
1   #coding:utf-8
2   si = eval(input("请输入你的成绩(0~100):"))
3   if si< 60:
4       print("不及格")
5   if si>=60 and si<70:
6       print("及格")
7   if 80> si >=70:
8       print("中")
9   if 90>si >= 80:
10      print("良")
11  if si >= 90:
12      print("优")
```

表达式可以是简单的式子，也可以是多个式子的组合，用 and、or 将多个式子连接起来，也可以用 not 取反，如 si>=60 and si<70，表示 si 既要大于等于 60，又要小于 70；在 Python 中还可以用 80> si >=70 这样的式子表示复杂条件，但这种表示方法在其他编程语言中语法是错误的。

3.1.2　双分支结构

教学视频

当条件表达式为真时，执行 if 后的代码块，当条件表达式为假时，执行 else 后面的代码块，如图 3-2 所示。

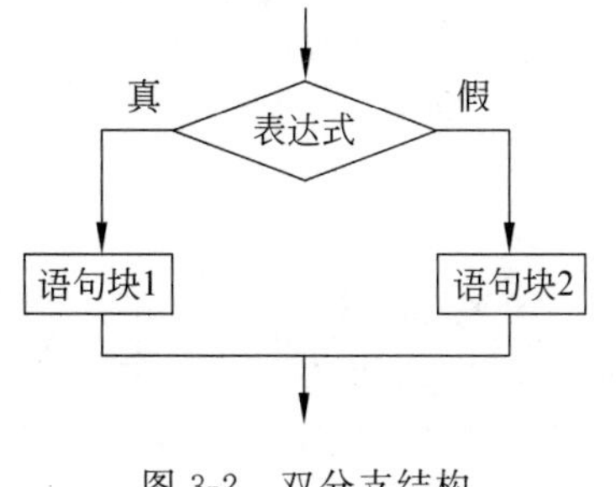

图 3-2　双分支结构

例 3-3 是由例 3-1 的代码改造而成的，若输入的成绩使表达式 si>=60 为真，则执行 print("你已经及格")，else 后面的语句不会执行；若输入的成绩使表达式 si>=60 为假，则不会执行 print("你已经及格")，而执行 else 后面的语句 print("你还未及格")。从执行效率上来说，例 3-3 比例 3-1 的效率要高，因为例 3-1 每次执行都要比较两次，而例 3-3 的双分支结构使每次执行只比较一次。

【例 3-3】 根据输入的分数判断成绩是否及格。

```
1  #coding:utf-8
2  si=eval(input("请输入分数(0~100):"))
3  if si>=60:
4      print("你已经及格")
5  else:
6      print("你还未及格")
```

3.1.3 多分支结构

多分支结构主要用于处理多个条件，在不同的条件下执行不同的代码块。在其他语言中有 switch/case 语句，在 Python 中完全用 if…elif…语句就可以实现多分支结构，因此 Python 中没有 switch/case 语句，如图 3-3 所示。下面还以将分数转换为档次为例，说明多分支结构。

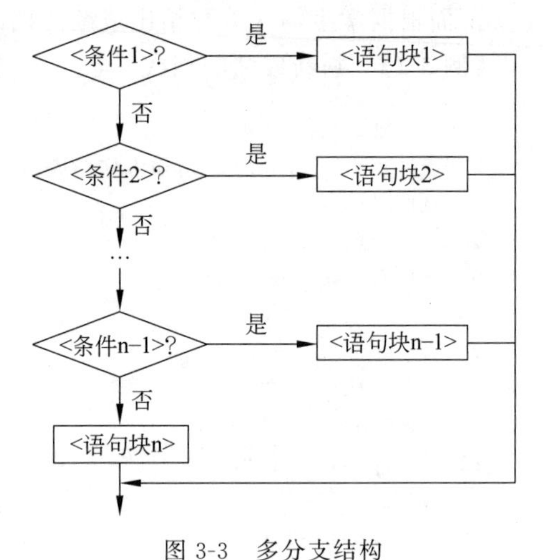

图 3-3 多分支结构

【例 3-4】 用多分支判断成绩档次。

```
1   #coding:utf-8
2   si = eval(input("请输入你的成
    绩(0-100): "))
3   if si<60:
4      print("不及格")
5   elif si <70:
6      print("及格")
7   elif si<80:
8      print("中")
9   elif si<90:
10     print("良")
11  elif si<=100:
12     print("优")
```

复杂条件下，某条件又可以分为更详细的子条件，怎样控制复杂条件下的程序执行呢？这时可以嵌套分支结构来表示复杂条件。下面以闰年的计算为例，说明分支的嵌套。

输入一个数字年份，求该年份是否为闰年。闰年的判断有两种方法：能被 4 整除但不能被 100 整除；或能被 400 整除，则这个年份就是闰年。

【例 3-5】 判断是否为闰年。

```
1   #coding:utf-8
2   syear = input("请输入年份: ")
3   iyear = int(syear)
4   if iyear %4 ==0 :
5       if iyear %100 != 0 or iyear%400==0:
6           print("闰年")
7       else:
8           print("平年")
9   else:
10      print("平年")
```

3.2　循环结构

循环结构是程序设计中非常常见的一种结构，也就是反复执行某个代码块的结构。执行绘图、数学计算、事务处理、统计报表等任务时，需要反复执行某些代码，这时就可以使用循环结构，例如，1.5 小节绘制五角星时，有这样两条语句：t.forward(200)和 t.right(144)。t.forward(200)语句表示向前进 200 像素，t.right(144)语句表示向右转 144 度，这两句代码反复出现了五次，也就是说这两条语句需要反复执行。现在可以把这两条语句放到控制执行次数的一种结构中，反复执行的语句只需要出现一次，却可以执行多次。

【例 3-6】 循环结构绘制五角星。

```
1  import turtle as t
2  t.color("red")                  #画笔和填充色都设为红色
3  t.begin_fill()
4  for i in range(5):
5      t.forward(200)              #向前进 200 像素
6      t.right(144)                #向右转 144 度
7  t.end_fill()
8  t. hideturtle()
9  t.done()
```

与 1.5 节的代码比较，两处的代码完成了同样的功能，但此处的代码更简单。这种结构就被称为循环结构。

循环分为两种情况：①循环次数确定的循环；②循环次数不确定的循环。Python 中有 while 和 for 两种循环语句，其中 while 循环主要用于次数不确定的循环；for 循环通常用于次数确定的循环。

3.2.1　while 循环

教学视频

while 的语法结构如下所示。

格式一：

```
while 条件表达式:
    循环体
```

格式二：

```
while 条件表达式:
    循环体
else:
    语句体
```

条件表达式为逻辑表达式，当条件表达式为真时，执行循环体；当条件表达式为假时，就会退出循环，执行循环体后面的语句，如图 3-4 所示。

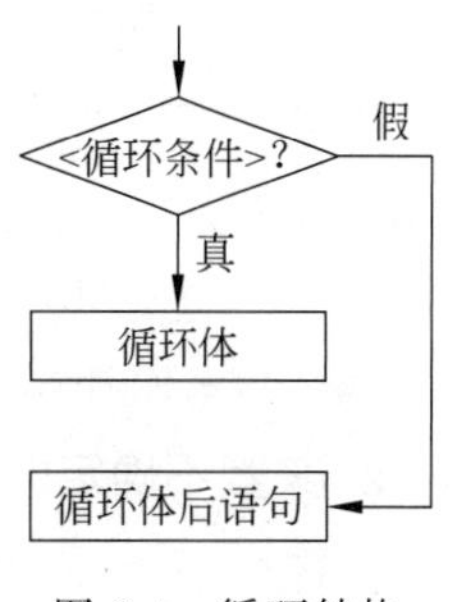

图 3-4　循环结构

1. 次数确定的 while 循环

while 可以用于执行次数确定的循环，这时需要一个计数器（其实是一个变量)，当到达某个值时，就退出循环。

【例 3-7】 循环绘制正方形。

```
1  import turtle as t              #导入 Turtle 库，别名为 t，以便使用
2  t.pensize(5)                    #设置画笔宽度为 5
3  n=1                             #设置计数器的初始值
4  while n<=4:                     #判断计数器的值是否小于等于 4
5      t.forward(100)              #向前画 100 像素的线段，注意画笔的方向
6      t.left(90)                  #向左转 90 度
7      n+=1                        #更改计数器的值
```

程序第 4 句用于判断循环条件是否成立。当条件成立时，循环体语句会反复执行。循环的过程如下所示。

(1) 第 1 次循环，n=1，条件 n<=4 成立，进入循环体执行：向前画 100 像素的线段，向左转 90 度，计数器加 1，这时 n=2。

(2) 第 2 次循环，n=2，条件 n<=4 成立，进入循环体执行：向前画 100 像素的线段，向左转 90 度，计数器加 1，这时 n=3。

(3) 第 3 次循环，n=3，条件 n<=4 成立，进入循环体执行：向前画 100 像素的线段，向左转 90 度，计数器加 1，这时 n=4。

(4) 第 4 次循环，n=4，条件 n<=4 成立，进入循环体执行：向前画 100 像素的线段，向左转 90 度，计数器加 1，这时 n=5。

(5) 第 5 次循环，n=5，条件 n<=4 不成立，循环结束。

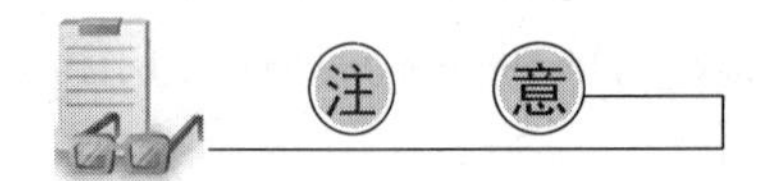

while 语句的后面有冒号，表明后面缩进的语句为循环体；循环控制语句后都带冒号。

【例 3-8】 求 1+2+…+100 的和。

```
1  #codign:utf-8
2  sum = 0
3  i=1
4  while i<=100:
5    sum = sum+i
6    i=i+1
7  print("1+2+...+100=",sum)
```

第 2、3 行：进入循环体之前，表示和的变量 sum 的值为 0，表示累加数的变量 i 的值为 1(从 1 开始)。

第 5、6 行：循环体的作用是将变量 i 的值加到变量 sum 中，将 i 的值加 1。

第 7 行：循环结束，将求得的和打印出来。

2. 次数不确定的 while 循环

循环体需要反复执行，但循环次数无法确定时，可以使用 while 语句。比如，将输入的整数相加，直至输入“#”为止。由于输入数字的次数不确定，也就是循环的次数不确定，这

时使用 while 语句控制循环较为合适。

【例 3-9】 不确定次数的和。

```
1  #coding:utf-8
2  sum=0
3  numstr = input("请输入一个整数(‘#’结束): ")
4  while numstr != "#":
5      numint = int(numstr)
6      sum = sum+numint
7      numstr = input("请输入一个整数(‘#’结束): ")
8  print("sum = ", sum)
```

进入循环体时，首先判断 numstr 是否不等于#，若不等于#，表达式 numstr ！="#"的值为真，则进入循环体；若等于#，表达式 numstr ！ = "#"的值为假，则不进入循环体，执行循环体后面的 print 函数，输出求得的和。循环体的作用是将刚输入的字符串型数字转换为整数，然后将该整数加到 sum 变量中。这个循环的次数是不确定的，根据用户输入的内容决定循环的次数。

3.2.2 for 循环

教学视频

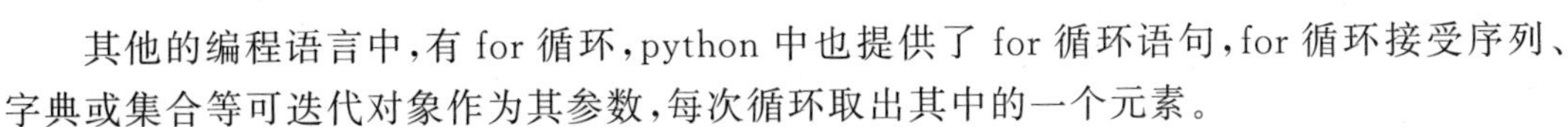

其他的编程语言中，有 for 循环，python 中也提供了 for 循环语句，for 循环接受序列、字典或集合等可迭代对象作为其参数，每次循环取出其中的一个元素。

基于 range()函数的计数循环。Python 中内置的 range()函数能够生成一个数据序列，对该数据序列进行迭代访问，即可精确控制 for 循环的次数。range()需要 3 个参数，第一个参数为序列的起始值，第二个参数为序列的终止值(不包括该值)，第三个参数为步长。第一个参数缺失时，默认值为 0；第三个参数缺失时，默认步长为 1。

【例 3-10】 求 1～100 之间所有偶数的和。

```
1  #coding:utf-8
2  sum = 0
3  for i in range(2,101,2):
4      sum = sum+i
5  print("sum=",sum)
```

range(2,101,2)函数生成一个从 2 开始，到 101 结束，步长是 2 的序列，即 2,4,6,…,100。这里需要说明的是，终止值为 101，而不是 100，是因为 range()函数生成的序列不包括终止值，为了包括 100，这里把终止值设为 101，而不是 100。

第 3 行 for i in range(2,101,2)语句控制循环的次数，循环的过程如下所示。

第 1 次循环：变量 i 取 range()生成序列的第 1 个元素 2，执行循环体 sum=sum+i，即 sum=0+2。

第 2 次循环：变量 i 取 range()生成序列的第 2 个元素 4，执行循环体 sum=sum+i，即 sum=2+4。

依次执行以上循环步骤。

最后一次循环：变量 i 取 range()生成序列的最后一个元素 100，执行循环体 sum=sum+i，即 sum=2450+100。

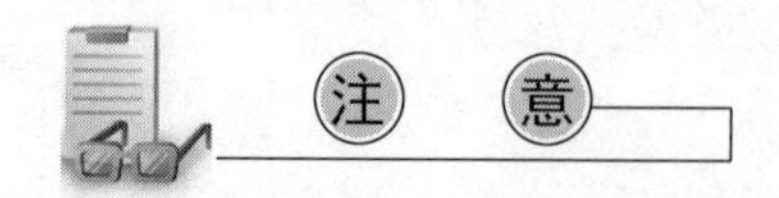

range()函数生成的数据序列不包括终止值，若想包括终止值，需要在终止值上加1。步长默认为1，可根据需要，设为自己需要的值。

3.2.3 循环嵌套

在一些问题的解决中，有两个以上的因素影响代码块的执行次数，这时需要把代码块放到嵌套的多重循环中，这样就形成了循环嵌套。例如程序输出9×9乘法表，就需要使用嵌套循环输出9×9乘法表。

【例3-11】 9×9乘法表。

```
1 #coding:utf-8
2 for i in range(1,10):
3     for j in range(1,i+1):
4         print(f"{i}×{j}={i*j:<2d}",end = ' ')
5     print()
```

程序输出结果如下所示。

```
1×1=1
2×1=2  2×2=4
3×1=3  3×2=6  3×3=9
4×1=4  4×2=8  4×3=12 4×4=16
5×1=5  5×2=10 5×3=15 5×4=20 5×5=25
6×1=6  6×2=12 6×3=18 6×4=24 6×5=30 6×6=36
7×1=7  7×2=14 7×3=21 7×4=28 7×5=35 7×6=42 7×7=49
8×1=8  8×2=16 8×3=24 8×4=32 8×5=40 8×6=48 8×7=56 8×8=64
9×1=9  9×2=18 9×3=27 9×4=36 9×5=45 9×6=54 9×7=63 9×8=72 9×9=81
```

第2行：控制输出的行数，这里循环9次，不包括10。

第3行：控制每行输出乘法式的个数，每行输出的式子个数为i。

第4行：print()函数默认每次输出会附加一个换行符，为了让每个式子输出后不换行，函数后用end=' '表示一个空格结束，而不是默认的换行。

内层循环(即第3、4行)用于在一行中显示i个式子，该行的最后是一个空格，为了让以后的式子显示在下一行，第5行用print()语句输出了一个回车。

循环嵌套时，要注意缩进的层次，内层循环比外层循环要多缩进一层。在IDLE中编辑代码时，输入循环的冒号后，编辑器自动缩进，在缩进处继续输入代码即可。

第5行：当第i个式子输出完成后，用print()输出一个换行符，下次输出从下一行开始。

3.2.4　break 和 continue 语句

break 语句在 while 与 for 循环中都可以用，用于提前结束循环。break 一般与 if 配合使用，判断条件，当条件满足时，就会执行 break 语句提前结束循环。

在猜一猜是哪个数游戏中，程序生成一个随机数，然后让参与者猜，如果大于这个数，则输出“猜大了”；如果小于这个数，则输出“猜小了”。当猜对后，输出“猜对了”，结束程序。

【例 3-12】 猜数游戏。

```
1   #coding:utf-8
2   from random import randint
3   numa= randint(1,100)
4   numstr = input("请猜一猜，这个数是多少(1~100)?")
5   while True:
6       numint = int(numstr)
7       if numint>numa:
8           print("猜大了")
9       elif numint<numa:
10          print("猜小了")
11      else:
12          break
13      numstr = input("再猜一次吧：")
14  print("你猜对了")
```

第 2 行：从 random 模块中导入 randint()函数。

第 3 行：生成一个 1～100 之间的随机整数，并赋值给 numa。

第 4 行：用户输入一个字符型数字。

第 5 行：while 循环的条件为永真的，也就是说循环会不断进行下去。

在循环体中，首先将输入的字符型数字转换为数字，然后，对用户的输入值进行判断，若输入值大于随机数，则输出“猜大了”；若输入值小于随机数，则输出“猜小了”；若输入值等于上面生成的随机数，则执行 break 语句结束循环，最后打印“猜对了”。

continue 语句在 while 和 for 循环中起到提前结束本次循环的作用，并忽略 continue 后面的语句，然后回到循环的顶端，继续执行下一次循环。

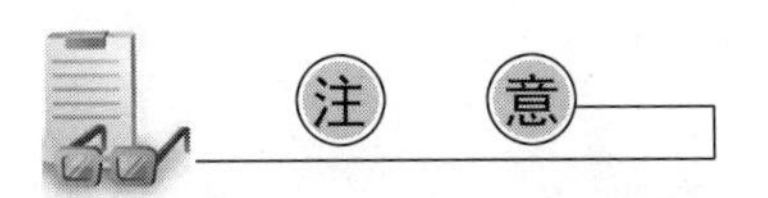

break 与 continue 的区别。break 语句执行后，会退出所在循环，不再执行循环体中的语句；continue 不会退出循环，而是忽略本次循环剩余语句，提前进入下一轮循环。

例如，模拟比赛打分过程，首先输入评委的人数，然后输入每个评委给出的成绩，要求评委的成绩必须在 0～100 分之间，若输入错误，须重新输入，最后去掉一个最高分和一个最低分，计算平均成绩。

【例 3-13】 模拟比赛打分过程。

```
1  #coding:utf-8
```

```
2  n=int(input("请输入评委人数: "))          #输入评委人数,并转换为整数
3  sum=0                                    #成绩总和的初始值为 0
4  max=-999                                 #最高分初始值-999
5  min=999                                  #最低分初始值为 999
6  i=1                                      #i 为循环控制器,初始值为 1
7  while i<=n:                              #评委人数为 n,循环 n 次
8      score=eval(input(f'请输入第{i}个评委的分数: '))   #评委输入成绩,并转换为数值
9      if score<0 or score>100:             #判断成绩是否合规
10         print("必须是 0～100 的实数")    #输出提示信息
11         continue                         #成绩不合规,结束本轮循环,开始下一轮循环
12     else:
13         i+=1
14         sum+=score
15         if score>max:               #若输入的成绩大于最高分,将成绩赋值给 max
16             max=score
17         elif score<min:             #若输入的成绩小于最低分,将成绩赋值给 min
18             min=score
19  ave=(sum-max-min)/(n-2)            #成绩和去掉一个最高分,去掉一个最低分,求平均成绩
20  print(f'去掉一个最高分{max}')      #显示最高分
21  print(f'去掉一个最低分{min}')      #显示最低分
22  print(f'最后得分{ave:.2f}')        #显示比赛最终成绩,保留两位小数
```

第 9 行,若评委输入的成绩不合规,则显示提示信息"必须是 0～100 的实数",执行第 11 行continue。continue 的作用是结束本轮循环,忽略循环体后面的语句,开始新一轮的循环。此时,循环控制器 i 的值保持不变,满足循环条件,继续循环,评委输入成绩,直至成绩合规为止。

本章小结

本章介绍了程序的结构：分支结构和循环结构。根据条件真假决定是否执行某个代码块的结构为分支结构：简单的 if 结构为单分支结构；if...else...结构为双分支结构；if...elif...else...结构为多分支结构。循环结构是反复执行某个代码块的结构，while 通常用于次数不确定的循环，for 通常用于次数确定的循环。循环嵌套时，应注意缩进的层次，不同的缩进层次表示不同的逻辑层次。break 语句用于结束整个循环，continue 语句用于提前结束本次循环。

思考与练习

编程题

1. 用 input()函数输入一个整数,判断这个数是偶数还是奇数,然后显示“偶数”或“奇数”。

2. 用 input()函数输入 PM2.5 值,若介于 0(含 0)～35 之间,显示“空气质量优”;若介于 35(含 35)～75 之间,显示“空气良好”;若大于等于 75,显示“空气污染”。请使用多分支结构完成。

3. 身体质量指数(Body Mass Index,BMI)是国际上常用的衡量人体肥胖程度和是否健

康的重要指标，BMI＝体重(kg)/身高^2(m^2)，国内BMI指标如表3-1所示。

表3-1　国内BMI指标

分类	国内BMI值(kg/m^2)
偏瘦	＜18.5
正常	18.5～24
偏胖	24～28
肥胖	≥28

使用input()函数输入你的身高、体重，算出BMI值，显示出你所属的分类情况。

4. 有一分段函数：

$$y=\begin{cases}x & x<1\\ 2x-5 & 1\leqslant x<10\\ 3x-11 & x\geqslant 10\end{cases}$$

(1) 用input()函数输入x的值，求y的值。

(2) 运行程序，输入x值(分别为$x<1$，$1\leqslant x<10$，$x\geqslant 10$三种情况)，检查输出值y的正确性。

5. 某市新建成了地铁，车票的价格为：1～4站2元，5～7站3元，8～9站4元，10站以上5元。请设计程序，输入人数n，站数m，然后显示票价。

6. 输入三角形的三条边长，然后显示三角形的类型(等腰三角形、等边三角形、直角三角形、普通三角形)。

7. 在while循环中用input()函数输入数值，当输入"#"时停止输入，输出这些数中最大的值。

8. 爱因斯坦的阶梯问题是这样描述的：设有一阶梯，每步跨2阶，最后余1阶；每步跨3阶，最后余2阶；每步跨5阶，最后余4阶；每步跨6阶，最后余5阶；每步跨7阶，正好到阶梯顶。请使用循环求该阶梯共有多少阶。

9. 要将一张100元的大钞票换成等值的10元、5元、2元、1元的小钞票，要求每次换成40张小钞票，每种至少一张。用编程找出所有可能的换法。

10. 输入三个数，按升序排列输出。

11. 使用两种不同的方法计算100以内所有奇数的和。

12. 判断一个数是否为素数。

13. 求200以内能被17整除的最大正整数。

14. 使用循环输出下列图形。

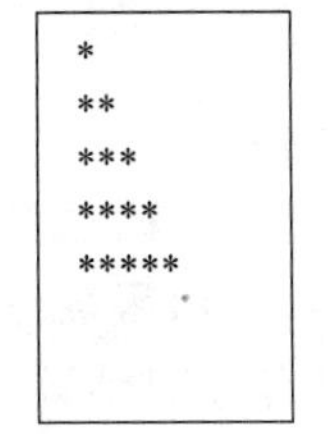

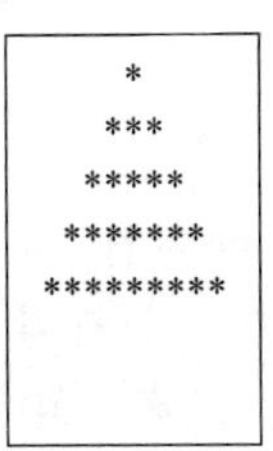

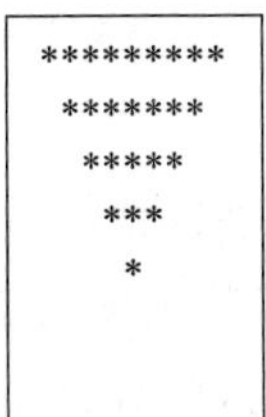

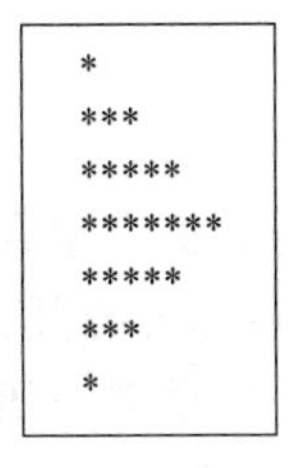

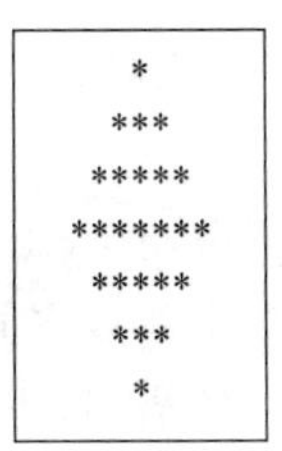

第4章

函　　数

1. 掌握函数的定义。
2. 掌握函数的调用过程。
3. 掌握函数参数默认值的设置。
4. 了解可变长参数。
5. 掌握变量的作用域。
6. 掌握递归函数。
7. 了解匿名函数的使用。
8. 了解 datetime 模块和 random 模块。

函数是由若干语句组成，具有特定功能的一段代码，函数由函数名、参数、函数体和返回值组成，在需要该功能的地方就可以调用它，函数的出现极大地方便了代码的共享与复用。Python 中除了系统自带的函数外，用户可以自己定义函数，实现自定义的功能。

教学视频

4.1　函数的定义

函数的定义是通过关键字 def 实现的，自定义函数的语法如下所示。

```
def 函数名(参数):
    函数体
```

函数名不要与 Python 关键字重合，最好是有意义的名称，参数可以有，也可以没有（即参数为空），多个参数之间用逗号分开，函数名的最后有一个冒号（:）表示函数体的开始，函数体可以是一条语句，也可以是多条语句，Python 语言的函数中没有标明函数开始与结束的“{}”，而是通过缩进表示它是函数的函数体。在需要的地方通过函数名调用函数。

1. 没有参数的函数

在 1.5 小节中用命令绘制了一个五角星,那么可不可以将命令放到一个模块中,要绘制五角星时,直接调用这个模块就可以了,这个模块就是函数,下面定义一个绘制五角星的函数,并在主程序中调用它绘制一个五角星。

【例 4-1】 函数绘制五角星。

```
1   #coding:utf-8
2   import turtle as t
3   def drawstar():
4       t.color("red")
5       t.begin_fill()
6       for i in range(1, 6):
7           t.forward(200)
8           t.right(144)
9       t.end_fill()
10      t.hideturtle()
11
12  if __name__ == "__main__":
13      drawstar()
```

函数的执行结果是绘制了一个五角星并用红色填充。

程序中定义了一个名为 drawstar()的函数,这个函数没有使用任何参数,因此括号中没有定义任何变量。函数的功能比较简单,只是绘制了一个五角星并进行填充。在主程序中,通过函数名 drawstar() 调用函数。

这里的__name__是一个变量。前后加了双下画线是因为这是系统定义的名字。普通变量不要使用此方式命名变量。__name__就是标识模块名字的一个系统变量。这里分两种情况:假如当前模块是主模块(也就是调用其他模块的模块),那么此模块名字就是__main__,通过 if 判断是主模块,就可以执行__mian__后面的主模块内容;假如此模块是被 import 的,则此模块名字为文件名(不加后面的.py),通过 if 判断不是主模块,就会跳过__mian__后面的内容。

2. 有参数的函数

在例 4-1 中,没有给函数传递参数,功能比较单一,不能绘制不同大小的五角星。下面的例子给函数传递参数,让函数的功能更强大一些。通过函数绘制不同大小、边线颜色不同的五角星。

【例 4-2】 带参数函数绘制五角星。

```
1   #coding:utf-8
2   import turtle as t
3   def drawstar(length, threadcolor):
4       t.pencolor(threadcolor)
5       t.fillcolor("red")
6       t.begin_fill()
7       for i in range(1, 6):
8           t.forward(length)
```

```
9          t.right(144)
10     t.end_fill()
11     t.hideturtle()
12
13 if __name__ == "__main__":
14     drawstar(200, "red")
```

程序的功能还是绘制一个五角星，只是调用的函数多带了参数而已。

程序定义了一个函数 drawstar(length，threadcolor)，括号中的 length 和 threadcolor 用于接收参数值，被称为形式参数，函数中的 t.pencolor(threadcolor)用传过来的参数设置五角星的边框的颜色，t. forward(length)语句用传过来的值绘制一条指定长度的线段。调用函数时，直接用函数名调用即可，传给函数的参数值 200 和 red 称为实参。加入参数以后，函数比例 4-1 中的函数功能更强大更通用，根据传递实参的不同可以绘制不同大小、不同颜色边框的五角星。

3. 有返回值的函数

函数实现一定功能后，可能会得到一个结果，需要将该结果返回给调用者，这时就用到了 return 语句，把结果返回给调用者。下面定义一个函数，求两个参数中较大的一个并返回。

【例 4-3】 有返回值的函数。

```
1  #coding:utf-8
2  def max(a,b):
3      if a>b:
4          return a
5      else:
6          return b
7
8  x = 5
9  y = 7
10 print(f"{x},{y}中较大的一个是 {max(x,y)}")
```

程序输出结果：

```
5,7 中较大的一个是 7
```

程序中定义了一个函数 max(a，b)，然后对 a 和 b 的值进行比较，若 a 大于 b，则用 return a 返回 a 的值，若 a 小于等于 b，则用 return b 返回 b 的值。若一个函数没有 return 语句，则相当于 return None，None 是 Python 中一个非常重要的符号，表示空值。

教学视频

4.2 函数的调用过程

在程序的执行过程中通常是顺序执行程序语句的，第一条语句执行完成后执行第二条语句，依次往下执行，这就是顺序执行，若程序中有分支结构的 if 语句，当 if 语句的条件表达式的值为真时，执行该分支的语句体，表达式为假时，执行另一分支的语句体。若程序中有循环结构，当循环的条件表达式为真时，反复执行循环体中的语句。调用函数时，程序的执行顺序是怎样的呢？下面以图 4-1 为例说明调用函数时程序的执行顺序。

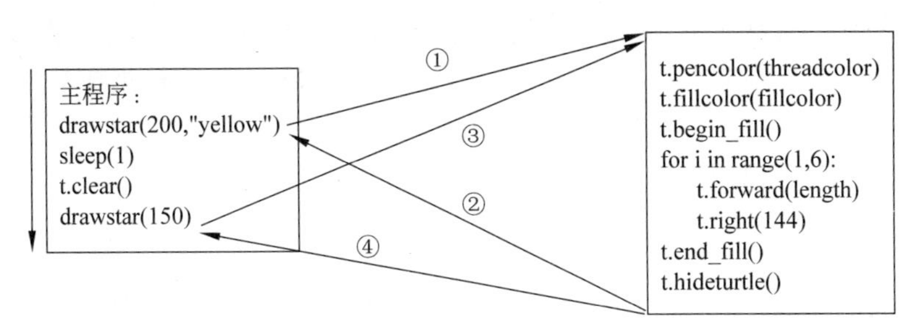

图 4-1 函数的调用过程

(1) 程序从主程序开始顺序执行。

(2) 要调用函数时,主程序在函数调用处暂停执行。

(3) 将函数的实参传递给函数的形参

(4) 执行函数体的语句。

(5) 执行完函数,返回主程序暂停处,继续往下执行。

若函数中再调用函数,则出现了函数的嵌套调用。函数的嵌套调用也是遵守上述规则的,如图 4-2 所示。即程序在函数调用处暂停,执行函数体代码,函数执行完成后,从暂停处继续执行。

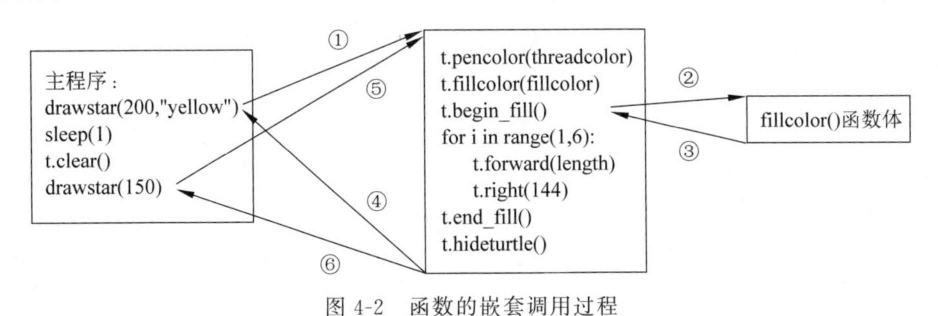

图 4-2 函数的嵌套调用过程

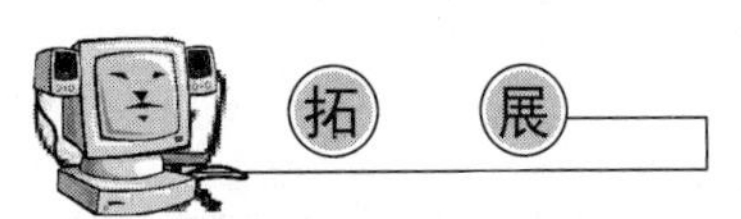

函数式编程。“函数式编程”是一种“编程范式”(Programming Paradigm),也就是如何编写程序的方法论。常见的编程范式有:过程化(命令式)编程、结构化编程、事件驱动编程、面向对象编程。函数式编程属于“结构化编程”的一种,主要思想是把运算过程尽量写成一系列嵌套的函数调用。函数式编程通过一系列函数能够使代码简洁,开发快速;函数式编程的自由度很高,可以写出很接近自然语言的代码,易于理解;每一个函数都可以被看作独立单元,有利于进行单元测试(Unit Testing)和除错(Debugging),以及模块化组合;函数式编程易于“并发编程”。

4.3 参数的默认值

教学视频

为了提高程序的鲁棒性(也称为强壮性),可以给函数的形参赋默认值,如果实参没有值传给形参,则形参使用默认值,如果实参有值传给形参,则形参使用传过来的值。若函数有多个形参，有的形参有默认值，有的形参没有默认值，则把有默认值的形参放在形参列表的后边，没有默认值的形参放在形参列表的前面，这是因为 Python 是根据参数的位置给形参传递值的。

【例 4-4】 用默认值函数绘制五角星。

```
1  #coding:utf-8
2  import turtle as t
3  from time import sleep
4  def drawstar(length, threadcolor="red"):
5      t.pencolor(threadcolor)
6      t.fillcolor("red")
7      t.begin_fill()
8      for i in range(1, 6):
9          t.forward(length)
10         t.right(144)
11     t.end_fill()
12     t.hideturtle()
13
14 drawstar(200, "yellow")
15 sleep(1)                #程序暂停 1 秒钟
16 t.clear()               #清除画布上的图形
17 drawstar(150)
```

程序执行结果是先绘制一个边长为 200 像素的五角星，线为黄色、内部填充为红色；然后程序暂停 1 秒钟；再次绘制一个边长为 150 像素、线和内部填充均为红色的五角星。

第 4 行：定义了一个函数 drawstar(length,threadcolor="red")，其中形参 length 没有默认值，threadcolor 有默认值 red。若有参数传过来，则使用参数值；若没有参数传递过来，则使用默认的 red 值。

第 5 行：使用传过来的颜色值设置画笔颜色，若没有传参数，则使用默认的 red 值。

第 6 行：设置红色为填充色。

第 7 行：开始填充。

第 8～10 行：循环绘制五角星。循环 5 次，每次循环，绘制一条指定像素长的线，然后向右转 144 度。

第 11 行：填充结束。

第 12 行：隐藏图标。

第 14～17 行：缩进结束，说明这段代码是主程序。

第 14 行：调用函数绘制五角星。边长设为 200 像素，threadcolor 值为 yellow，函数接收到实参值，则使用实参值，不使用默认值。

第 15 行：time 模块中的 sleep()函数使程序暂停 1 秒钟，参数值为暂停的秒数。

第 16 行：清除画布上的图形。

第 17 行：调用函数绘制五角星，实参只有一个边长，设为 150 像素，threadcolor 使用默认的 red。

如果函数的多个形参都有默认值，调用函数时只想传递非默认值的参数，该怎么办呢？

这时可以在实参列表中给实参前面加上参数的名字，指定这个值是传给哪个形参的。

【例 4-5】 多默认值参数传递。

```
1   #coding:utf-8
2   import turtle as t
3   from time import sleep
4   def drawstar(length, threadcolor="red", fillcolor="red"):
5       t.pencolor(threadcolor)
6       t.fillcolor(fillcolor)
7       t.begin_fill()
8       for i in range(1, 6):
9           t.forward(length)
10          t.right(144)
11      t.end_fill()
12      t.hideturtle()
13
14  drawstar(200)                          #threadcolor 和 fillcolor 都使用默认值
15  sleep(1)                               #程序暂停 1 秒钟
16  t.clear()                              #清除画布上的图形
17  drawstar(150, fillcolor="yellow")      #threadcolor 使用默认值,fillcolor 则
                                            传递 yellow
```

第 14 行：调用 drawstar(200)函数，且只传递一个参数，threadcolor 和 fillcolor 则使用默认的 red 颜色值。

第 17 行：调用 drawstar()函数，传递边长为 150 像素，fillcolor 为 yellow，threadcolor 未传递值，则使用默认值 red。

4.4 可变长参数

教学视频

前面的例子中，形参和实参的个数都是固定的，可不可以设计参数个数不固定的函数呢？Python 支持可变长度的参数。当参数是可变长度时，只需在参数前加“ * ”就可以了。这时的参数是按照一个元组来对待的。

【例 4-6】 可变长参数例程。

```
1   #coding:utf-8
2   def sum(*v):                           #v 为可变长形参,前面加 *
3       print(f"参数长度为{len(v)}")        #len(v)求 v 的长度
4       sum = 0
5       for i in v:                        #对 v 中的每个元素枚举,然后求和
6           sum = sum+i
7       return sum
8
9   print(sum(1, 2, 3, 4, 5))              #给 sum 函数传递 5 个值
10  print(sum(1, 2))                       #给 sum 函数传递 2 个值
```

程序运行结果如下。

```
参数长度为 5
15
参数长度为 2
3
```

Python 中还提供了另外一个标识符**，表示可变长参数将被当作一个字典，如下所示。

【例 4-7】 字典参数传递。

```
1   #coding:utf-8
2   def sum(**v):
3       counts = len(v)                         #计算参数长度
4       print(f"共有 {counts} 门课程")
5       sum = 0
6       for subj in v.keys():                   #循环访问参数,key 为学科名,value 为学科成绩
7           print(f"{subj} : {v[subj]} ")   #打印学科名和成绩
8           sum = sum+v[subj]                   #求成绩总和
9       return sum
10
11  scores = sum(语文 = 95, 英语 = 78, 数学 = 56)     #将参数名与值传递给函数
12  print(f"总分为 {scores}")                         #打印总成绩
```

程序运行结果如下。

```
共有 3 门课程
语文: 95
英语: 78
数学: 56
总分为 229
```

第 2 行：定义了一个函数，形参为**v，把传过来的参数当作字典对待，参数名为字典的键，参数的值为字典的值。

第 6～8 行：对字典的值求和。

第 11 行：调用函数，参数名为科目名称，参数值为科目分数，注意 Python 3 是支持中文作为变量名的。

教学视频

4.5 变量的作用域

程序中值可以变化的量称为变量，变量定义的位置不同，它的作用范围也不同，这个作用范围称为作用域。在函数内定义的变量，它的作用范围仅限于函数内，这样的变量被称为局部变量；在函数外部主程序中定义的变量，它的作用范围是整个程序，这样的变量被称为全局变量。当一个局部变量与一个全局变量重名时，在函数内引用该变量，则它的值应该是局部变量的值，在函数外部引用该变量时，它应该是全局变量的值，要注意区分。

1. 局部变量

【例 4-8】 局部变量例程。

```
1   #coding:utf-8
```

```
2   def func():
3       x = 1   #局部变量
4       x = x+5
5       print(f"函数内 x= {x}")
6
7   x = 10  #全局变量
8   print(f"调用函数前 x={x}")
9   func()
10  print(f"调用函数后 x={x}")
```

程序运行结果如下。

```
调用函数前 x=10
函数内 x= 6
调用函数后 x=10
```

在这个程序中,在函数内定义了一个变量 x,它是局部变量,在函数外部也定义了一个变量 x,它是一个全局变量,尽管两个变量的名字都叫 x,但它们是两个不同的变量。在主程序中,起作用的是全局变量 x,在函数内起作用的是局部变量 x。

2. 全局变量

在函数外部定义的变量是全局变量,函数内定义的变量是局部变量,两者互不干扰。如果在函数内需要引用全局变量的值,这时就用到了关键字 global,用它来修饰变量,表示该变量是全局变量。

global 的语法如下。

```
global 变量 1, 变量 2, ..., 变量 n
```

若在主程序中已经定义了一个全局变量,在函数内需要引用它,则在变量名前加 global 修饰该变量,表示引用的是全局变量。

【例 4-9】 全局变量例程。

```
1   #coding:utf-8
2   def func():
3       global x            #申明 x 为全局变量
4       x = x+5
5       print(f"函数内 x= {x}")
6   x = 10
7   print(f"调用函数前 x={x}")
8   func()
9   print(f"调用函数后 x={x}")
```

程序执行结果如下。

```
调用函数前 x=10
函数内 x= 15
调用函数后 x=15
```

第 3 行: 用 global 修饰 x,说明 x 是全局变量,那么它的值此时应该是 10。

第 4 行: x=x+5,其实质是 x=10+5,因此这时的 x 是 15,因此第 5 行输出的内容是

“函数内 x=15”。

第 6 行：在主程序中定义了一个变量 x，并赋值为 10，该变量为全局变量。

第 7 行：输出调用函数前 x 的值。

第 8 行：调用函数。

第 9 行：调用函数后，输出 x 的值，因 x 在函数内被修改过，所以这时 x 的值为 15。

若全局变量在主程序中没有定义，则在函数内可以用“global 变量”直接定义一个全局变量。

【例 4-10】 全局变量例程。

```
1   #coding:utf-8
2   def func():
3       global x
4       x = 10                          #引前需要对 x 先赋值
5       x = x+5
6       print(f"函数内 x={x}")
7
8   #print(f"调用函数前 x={x}")         #未定义变量 x,直接引用,会出错的
9   func()
10  print(f"调用函数后 x={x}")
```

程序执行结果如下。

```
函数内 x= 15
调用函数后 x=15
```

第 3 行：定义一个全局变量 x。

第 4 行：将 x 赋值为 10，若不赋值也会出错的。

第 5 行：运行 x=x+5，此时 x 的值为 15。

第 8 行：在主程序中没有定义变量 x，如果直接引用 x，输出它的值，则会出错，这里加“#”注释掉该句。

第 9 行：调用函数 func()。

第 10 行：调用函数后，输出 x 的值，发现它的值就是 15。

教学视频

4.6 递归函数

在 3.2.1 小节中，使用 while 循环实现了 1+2+…+100 和的计算，把 1+2+…+n 用 nsum(n)表示，则 nsum(n)可以表示为 nsum(n−1)+n，nsum(n−1)=nsum(n−2)+(n−1)，…，依次往前推，nsum(2)=nsum(1)+2，因为 nsum(1)=1，所以 nsum(n)的值可以表示为：

```
nsum(n) = n+nsum(n-1) = n+(n-1)+nsum(n-2) = n+(n-1)+(n-2)+nsum(n-3)=... = n+
(n-1)+...+1
```

上面的式子用函数可以表示为如下形式。

```
def nsum(n):
```

```
    if n == 1:
        return 1
    return n+nsum(n-1)
```

把调用自己的函数称为递归函数，递归函数使某些问题变得异常简单，而且这类问题只能使用递归方法才能解决，如求 n 的阶乘。

```
def fact(n):
    if n == 1:
        return 1
    return n * fact(n-1)
```

如果调用 fact()求 5 的阶乘，则计算过程如下所示。

```
===> fact(5)
===> 5 * fact(4)
===> 5 * (4 * fact(3))
===> 5 * (4 * (3 * fact(2)))
===> 5 * (4 * (3 * (2 * fact(1))))
===> 5 * (4 * (3 * (2 * 1)))
===> 5 * (4 * (3 * 2))
===> 5 * (4 * 6)
===> 5 * 24
===> 120
```

汉诺塔问题是编程语言中采用递归算法的经典案例，该问题可以抽象如下。

3 根圆柱 A、B、C，其中 A 上面串了 n 个圆盘，借助于 B 柱，将 A 柱上的盘子移到 C 柱上，如图 4-3 所示。

移动过程中的要求如下。

(1) 这些圆盘从上到下是按从小到大顺序排列的，大的圆盘任何时刻不得位于小的圆盘上面。

(2) 每次移动一个圆盘，最终实现将所有圆盘移动到 C 柱上。

这道题的解题步骤只有三个。

(1) 将 A 柱上的前 n－1 个盘子移到 B 柱。

(2) 将 A 柱最后一个盘子移到 C 柱。

(3) 将 B 柱上的 n－1 个盘子移到 C 柱。

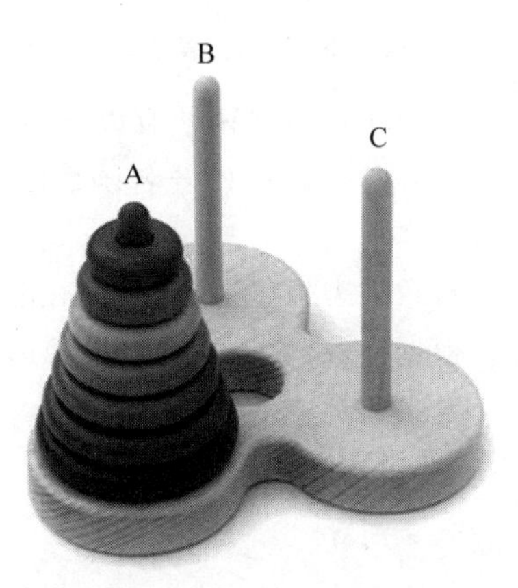

图 4-3　汉诺塔问题

【例 4-11】 汉诺塔问题。

```
1  #coding:utf-8
2  def move(n, a, b, c):
3      if n==1:
4          print(a,'→',c)
5          return
6      else:
7          move(n-1,a,c,b)        #首先需要把(n-1)个圆盘移动到 b
8          move(1,a,b,c)          #再将 a 的最后一个圆盘移动到 c
```

```
9          move(n-1,b,a,c)        #最后将 b 的(n-1)个圆盘移动到 c
10  move(3, 'A', 'B', 'C')
```

程序的执行结果如下所示。

```
A → C
A → B
C → B
A → C
B → A
B → C
A → C
```

递归函数的优点是定义简单，逻辑清晰。理论上，所有的递归函数都可以写成循环的方式，但循环的逻辑不如递归清晰。

使用递归函数需要注意防止栈溢出。在计算机中，函数调用是通过栈（Stack）这种数据结构实现的，每当进入一个函数调用，栈就会加一层栈帧，每当函数返回，栈就会减一层栈帧。由于栈的大小不是无限的，所以递归调用的次数过多，会导致栈溢出。大家可以调用fact()函数求 10000 的阶乘看一下结果如何。

教学视频

4.7 lambda ()匿名函数

Python 中提供了 lambda()匿名函数，lambda 的语法如下。

```
lambda 参数列表:表达式
```

lambda()匿名函数有以下使用方法。

(1) 将 lambda()匿名函数赋值给一个变量，通过这个变量间接调用该 lambda()匿名函数。

参数列表是传递参数给 lambda()匿名函数的参数，可以是一个参数，也可以是多个参数。根据参数，表达式进行某种运算，表达式的值就是 lambda()匿名函数的值。

定义只有一个参数的函数。

```
>>> f = lambda x:x**2
>>> f(3)
9
```

定义有多个参数的函数。

```
>>> f = lambda x,y:x * y
>>> print(f(1,4))
4
```

定义有多个参数且有默认值的函数。

```
>>> sum = lambda x,y=3,z=5:x+y+z
>>> sum(1)
9
```

```
>>> sum(1,2)
8
>>> sum(1,4,8)
13
```

(2) lambda 表达式也可以用在 def 函数中。

```
>>> def action(x):
    return lambda y:x+y

>>> a = action(2)
>>> a(22)
24
```

这里定义了一个 action()函数，返回了一个 lambda 表达式。其中 lambda 表达式获取到了上层 def 作用域的变量名 x 的值。

a 是 action()函数的返回值，a(22)即是调用了 action 返回的 lambda 表达式。

(3) lambda 还可用于高阶函数，高阶函数超出了本书的大纲，这里不再介绍。

其实上面的例子完全可以用相应的 def 定义的函数来实现，lambda()匿名函数只是简化了函数定义的书写形式。lambda 的主体是一个表达式，而不是一个代码块。仅仅能在 lambda 表达式中封装有限的逻辑进去。lambda()匿名函数拥有自己的命名空间，且不能访问自己参数列表之外或全局命名空间里的参数。lambda()匿名函数使代码更加简洁，并且使用函数的定义方式更加直观，易于理解。

lambda 的使用简化了代码，使代码简练清晰。但是需要注意两点。①这会在一定程度上降低代码的可读性。如果不是非常熟悉 Python 的人或许会对此感到不可理解。②在语句中用 lambda 定义的匿名函数，在别处是不能复用的，因此也降低了代码的复用性。所以如果可以使用 for...in...if...来完成的，则尽量不用 lambda。

4.8　实训：验证身份证号码

教学视频

身份证是公安工作中经常使用的数据，可以使用它进行数据查询，数据关联以及情报的挖掘。使用身份证信息的前提是身份证号是正确的，可以使用身份证校验码来校验身份证的正误。身份证校验码的计算方法如下所示。

(1) 将前面的身份证号码 17 位数分别乘以不同的系数。第 i 位对应的数为[2^(18－i)] mod 11。从第 1 位到第 17 位的系数分别为：7、9、10、5、8、4、2、1、6、3、7、9、10、5、8、4、2。

(2) 将身份证号前 17 位数字和系数相乘的结果相加。

(3) 用相加得到的和除以 11，看余数是多少。

(4) 余数只可能有 0、1、2、3、4、5、6、7、8、9、10 这 11 个数字。其分别对应的最后一位身份证的号码为 1、0、X、9、8、7、6、5、4、3、2。

(5) 通过(4)得知：如果余数是 2，就会在身份证的第 18 位数字上出现罗马数字的 Ⅹ；

如果余数是10，身份证的最后一位号码就是2。

例如：某男性的身份证号码是34052419800101001X。要看这个身份证号是否合法，计算过程如下。

首先得出前17位数与系数的乘积和，3×7+4×9+0×10+5×5+2×8+4×4+1×2+9×1+8×6+0×3+0×7+1×9+0×10+1×5+0×8+0×4+1×2是189。

然后用189除以11得到的商是17，余数是2。

最后通过对应规则就可以知道余数2对应的数字是X。所以，这是一个合格的身份证号码。

【例4-12】 验证身份证号码。

```
1  #-*-coding: UTF-8-*-
2  def idcheck(idNo):
3      Wi = [7, 9, 10, 5, 8, 4, 2, 1, 6, 3, 7, 9, 10, 5, 8, 4, 2]  #乘积系数
4  Ti = ['1', '0', 'X', '9', '8', '7', '6', '5', '4', '3', '2']  #余数对应的校验码
5  idNo = idNo.upper()
6  if len(idNo) != 18:
7       print("身份证必须为18位的字符")
8       return False
9  sum = 0
10 for i in range(17):
11      sum += int(idNo[i]) * Wi[i]
12 if idNo[17] == Ti[sum % 11]:
13      return True
14 else :
15      return False
16 
17 if __name__ == '__main__':
18     idNo = input("请输入18位身份证号：")
19 if idcheck(idNo):
20     print("你的身份证验证通过，谢谢使用！")
21 else :
22     print("注意：你的身份证未通过验证")
```

4.9 常见模块

Python中有大量内置模块，它们实现了特定的功能，扩充了Python语言的应用范围，降低了Python语言的使用难度。使用模块之前，先导入该模块，导入方法见1.4快速入门一节。下面简单介绍datetime和random模块。

4.9.1 datetime模块

教学视频

Python提供了多个内置模块用于操作日期时间，像calendar模块、time模块、datetime模块。相比于time模块，datetime模块的接口更直观、更容易调用。

datetime模块定义为如下几类。

(1) datetime.date：表示日期的类，常用的属性有year、month、day。

(2) datetime.time：表示时间的类，常用的属性有 hour、minute、second、microsecond。

(3) datetime.datetime：表示日期时间。

(4) datetime.timedelta：表示时间间隔，即两个时间点之间的长度。

(5) datetime.tzinfo：与时区有关的相关信息。

使用 datetime 模块需要先导入 datetime 模块，datetime 模块 now()函数返回当前系统的日期和时间对象。utcnow()函数返回格林尼治日期时间，如下所示。

```
>>> from datetime import datetime
>>> datetime.now()
datetime.datetime(2019, 7, 25, 12, 29, 44, 972511)
>>> datetime.utcnow()
datetime.datetime(2019, 7, 25, 4, 29, 48, 591717)
```

datetime()函数可以构造一个指定日期和时间的 datetime 对象，如下所示。

```
>>> somedatetime = datetime(2019,7,25,12,30,10,5)
>>> somedatetime
datetime.datetime(2019, 7, 25, 12, 30, 10, 5)
```

datetime 对象还有一些属性用于显示时间，属性如表 4-1 所示。

表 4-1　datetime 对象属性表

属　性	描　　述
year	返回 somedatetime 包含的年份
month	返回 somedatetime 包含的月份
day	返回 somedatetime 包含的日期
hour	返回 somedatetime 包含的小时
minute	返回 somedatetime 包含的分钟
second	返回 somedatetime 包含的秒
microsecond	返回 somedatetime 包含的微秒

datetime 对象的属性应用如下所示。

```
>>> somedatetime = datetime(2019,7,25,12,30,10,5)
>>> somedatetime
datetime.datetime(2019, 7, 25, 12, 30, 10, 5)
>>> somedatetime.year
2019
>>> somedatetime.month
7
>>> somedatetime.second
10
```

datetime 对象转换为字符串的方法是 strftime(formate)，formate 为格式化控制符，详细描述见表 4-2 所示。

表 4-2 时间相关格式控制符

格式描述符	含 义	显示样例
%a	星期几（缩写）	'Sun'
%A	星期几（全名）	'Sunday'
%w	星期几（数字，0 是周日，6 是周六）	'0'
%u	星期几（数字，1 是周一，7 是周日）	'7'
%d	日（数字，以 0 补足两位）	'07'
%b	月（缩写）	'Aug'
%B	月（全名）	'August'
%m	月（数字，以 0 补足两位）	'08'
%y	年（后两位数字，以 0 补足两位）	'19'
%Y	年（完整数字，不补零）	'2019'
%H	小时（24 小时制，以 0 补足两位）	'23'
%I	小时（12 小时制，以 0 补足两位）	'11'
%p	上午/下午	'PM'
%M	分钟（以 0 补足两位）	'23'
%S	秒钟（以 0 补足两位）	'56'
%f	微秒（以 0 补足六位）	'553777'
%z	UTC 偏移量（格式是±HHMM，未指定时区则返回空字符串）	'+1030'
%Z	时区名（未指定时区则返回空字符串）	'EST'
%j	一年中的第几天（以 0 补足三位）	'195'
%U	一年中的第几周（以全年首个周日后的星期为第 0 周，以 0 补足两位）	'27'
%w	一年中的第几周（以全年首个周一后的星期为第 0 周，以 0 补足两位）	'28'
%V	一年中的第几周（以全年首个包含 1 月 4 日的星期为第 1 周，以 0 补足两位）	'28'

对控制符的应用如下所示。

```
>>> e = datetime.now()
>>> f'现在的时间是：{e:%Y-%m-%d (%a) %H:%M:%S}'      #时间格式
'现在的时间是：2019-07-25 (Thu) 13:25:59'
```

教学视频

4.9.2 random 模块

编程中经常需要随机生成一个数据，这个数就被称为“随机数”，Python 内置了 random 模块，用于生成各种伪随机数。之所以称为“伪随机数”，是因为 random 模块中的随机并不是真正的随机，在随机算法（梅森旋转算法）确定的情况下，其结果是确定的，可预见的，因此称为“伪随机数”。生成随机数之前可以通过 seed()函数指定随机数种子，随机数种子一般为一个整数，只要种子相同，每次生成的随机数序列也是相同的。random 模块中常见的随机数生成函数如表 4-3 所示。

表 4-3　random 模块中常用函数

函　数　名	函数返回值
seed(a=None)	初始化随机数种子,默认值为当前系统时间
random()	生成一个(0,1)之间的随机数
randint(a,b)	生成一个[a,b]之间的随机整数
getrandbits(k)	生成一个 k 比特长度的随机整数
randrange(start,stop[,step])	生成一个[start,stop)之间以 step 为步长的随机数
uniform(a,b)	生成一个[a,b]之间的随机小数
choice(seq)	从序列中随机地返回一个元素
shuffle(seq)	将序列中的元素随机排列,返回次序打乱的序列
sample(pop,k)	从 pop 类型中随机返回 k 个元素,返回类型为列表

对 random 模块中常用函数的应用如下所示。

```
>>> import random
>>> random.random()              #生成一个(0,1)之间的随机数
0.3975521632860052
>>> random.randint(1,100)        #生成一个[1,100]之间的随机整数
85
>>> random.getrandbits(2)        #生成一个 2 比特长的随机整数
2
>>> random.randrange(1,100,2)    #生成一个[0,100)之间以 2 为间隔的随机数
9
>>> random.uniform(1,20)         #生成一个[1,20]之间的随机浮点数
6.69290918515435
>>> random.choice(range(20))     #从序列中选择一个元素
2
>>> lista = [1,3,5,7,9,11,13,15,17,19]
>>> random.choice(lista)         #从序列中选择一个元素
15
>>> random.shuffle(lista)        #将序列随机打乱位置
>>> lista
[13, 9, 11, 3, 5, 15, 1, 17, 19, 7]
>>> print( random.choice('abcdefghijklmnopqrstuvwxyz!@#$%^&*()'))
                                 #从序列中随机选择一个元素
b
>>> print(random.sample('zyxwvutsrqponmlkjihgfedcba',5))
                                 #从多个字符中生成指定数量的随机字符
['k', 'c', 'x', 'b', 's']
```

本 章 小 结

本章介绍了函数相关内容,包括函数的定义、参数的默认值、函数的调用过程、可变长参数、变量的作用域、递归函数、匿名函数,还介绍了 datetime 模块和 random 模块。本章难点

在于可变长参数、变量的作用域和递归函数。在局部起作用的变量称为局部变量，在全局起作用的变量称为全局变量；在函数中调用该函数本身的机制称为函数的递归。

思考与练习

一、判断题

1. Python 函数不可以传递变长的参数。（　　）
2. while 通常用于循环次数不确定的循环。（　　）
3. range(1,100)生成的序列中包括 100。（　　）
4. lambda()匿名函数可以提高程序运行效率。（　　）
5. 函数带默认值的参数可以放在参数列表任意位置。（　　）
6. 可以在 Python 函数内部声明全局变量。（　　）

二、编程题

1. 设计一个函数求 n!，然后求 1!＋2!＋…＋10!。
2. 编写一个函数，求出 3 个数中的最大数。
3. 编写函数，功能为求圆的周长和面积，编写程序调用该函数，半径从键盘输入。
4. 编写一个函数 fun(n)，求任意整数的逆序数，例如当 n＝1234 时，函数返回值为 4321。
5. 已知斐波拉契数列的第 1 项为 0，第 2 项为 1，从第 3 项开始是前两项的和，如 0,1,1,2,3,5,8……，用递归函数求该数列的第 20 项。

第5章

文 件 操 作

1. 了解文件的分类。
2. 掌握打开、关闭文件的方法。
3. 掌握读取文件的三个方法。
4. 掌握写入数据的两个方法。
5. 掌握文件的添加方式。
6. 掌握文件指针的读取和移动方法。
7. 了解基于上下文管理的文件操作方法。
8. 了解文件和文件夹的操作。
9. 了解文件属性的读取及其应用。

5.1 文件的基本操作

文件是保存在外部存储介质上的数据的集合，正是因为有了文件，才能够把计算机处理的中间结果或最终结果保存下来。文件按照组织形式可以分为文本文件和二进制文件。

1. 文本文件

文本文件是指文件的内容是常规字符串，每个字符串以“\n”换行符结束，可以用Windows平台下的记事本或Linux平台下的vi来编辑它。

2. 二进制文件

二进制文件是把内存中的数据以字节串的形式保存在外部存储介质上，这样的文件不能用文本编辑器编辑，如音频、视频等文件就是典型的二进制文件。

5.1.1 打开文件

在使用文件之前，需要打开文件，在Python中使用open()函数打开文件，该函数可以指定文件名、访问模式、缓存区。open()函数的一般形式如下。

```
open(文件名[, 访问模式[, 缓存区]])
```

这里的[]为可选项，使用 open()函数时，必须有文件名，打开方式与缓存区可有可无。

文件名是指被打开的文件名称。

访问模式是指打开文件后，对文件的处理方式，访问模式如表 5-1 所示。

表 5-1 文件的访问模式

访问模式	含义及说明
r	以只读方式打开文件，若文件不存在，则产生异常
w	以只写方式打开文件，此时文件内容会被清空，若文件不存在，则创建它
a	以追加方式打开，从文件尾部添加，不删除原数据，若文件不存在，则创建并打开
x	创建写模式。如果文件不存在，则创建文件；如果文件存在，则报异常
+	与 r、w、x、a 模式共同使用，在原功能的基础上增加读/写功能
b	二进制文件模式
t	文本文件模式，默认模式

缓存区指定了读/写文件的缓存模式，0 表示不缓存，1 表示缓存，如果大于 1 则表示缓存区的大小，默认值是缓存模式。

常见的组合文件打开方式有 r+、w+、a+、rb、wb、ab、rb+、wb+、ab+。

教学视频

5.1.2 关闭文件

文件打开、操作以后，最终是要关闭的，关闭文件使用 close()方法，关闭后，释放文件资源。具体使用方法如下。

```
f=open(文件名,访问模式,缓存区)
#对文件进行操作
f.close()
```

5.1.3 读取文件

对文件的读取分为文本文件与二进制文件，读取文件的常用方法如下。

1. f.read([size])

read()方法将读取文件的内容，并返回字符串(在文本文件模式下)或者字节对象(在二进制文件模式下)，其中 size 是可选项，表示读取文件内容的大小，若省略，则读取并返回整个文件内容，当然，如果文件长度是内存的两倍时，则会产生异常。若已经到达了文件尾部，则该方法会返回一个空字符串。

2. f.readline ()

读取文件的一行，包括“\n”字符。若已经到达文件的尾部，则返回一个空字符串。

3. f.readlines ()

一次性读取文件的所有内容。

【例 5-1】 用 read()方法读取文件。

用记事本在 Python 的安装目录下创建 test.txt 文件,文件内容为

```
Hello World
Hello Python
```

下面用 read()方法无 size 参数读取文件。

```
>>> f=open('test.txt','r')   #打开文件
>>> content = f.read()       #使用 read()读取文件,未指定 size 参数,则读取全部内容
>>> print(content)           #打印读取的内容
Hello World
Hello Python
>>> f.close()                #关闭文件
```

使用 read()方法带 size 参数读取文件。

```
>>> f=open('test.txt','r')
>>> content = f.read(6)
>>> print(content)
Hello
>>> f.close()
```

【例 5-2】 使用 readline()方法读取文件。

```
>>> f=open('test.txt','r')
>>> content = f.readline()   #读取文件中的一行
>>> print(content)           #打印,可以看出读取了文件的第一行
Hello World
>>> content2 = f.readline()  #读取文件中的一行
>>> print(content2)          #打印,可以看出读取了文件的第二行
Hello Python
>>> content3=f.readline()    #读取文件中的一行
>>> print(content3)          #打印,因为已经到达文件尾,读取的内容为空
>>> f.close()
```

【例 5-3】 使用 readlines()方法读取文件。

```
>>> f=open('test.txt','r')
>>> content = f.readlines()  #读取文件的所有内容
>>> print(content)           #打印,读取的内容是由每一行组成的列表
['Hello World\n', 'Hello Python']
>>> f.close()
```

5.1.4 写入数据

将数据写入文件,主要有以下方法。

1. f.write(str)

将字符串写入文件,没有返回值。

2. f.writelines(sequence)

向文件写入一个序列字符串列表，如果需要换行则要自己加入每行的换行符。

【例 5-4】 用 write()方法写入数据。

```
>>> f=open('test.txt','w')
>>> f.write('I am learning Python')          #将字符串写入文件，此时新写入的数据会覆盖原
                                              有数据
20
>>> f.close()
```

【例 5-5】 用 writelines()方法写入数据。

```
>>> strings='''line 1
line 2
line3
line4
'''                                           #定义一个多行字符串
>>> f=open('test.txt','w')
>>> f.writelines(strings)                     #将字符序列写入文件
>>> f.close()
```

5.1.5 以添加方式写入数据

打开文件时，指定打开方式为 a、a+，这时往文件中写入数据时，就是以添加方式写入了。

【例 5-6】 以添加方式写入数据。

```
>>> f=open('test.txt','a')
>>> f.write('this is appended line')
21
>>> f.close()
```

这时文件内容就变成了如下形式。

```
line 1
line 2
line 3
line 4
this is appended line
```

5.1.6 文件指针

文件指针是指在进行文件读/写操作时，指示读/写位置的指针。与指针有关的方法有以下几种。

1. f.tell ()

返回文件指针的当前位置。

2. f.seek (offset [, whence = 0])

参数 whence 为 0,则表示指针位于文件头位置,1 表示文件当前位置,2 表示文件末尾;从 whence 偏移 offset 字节,当 offset 为正数时,指针从 whence 处向文件尾移动;当 offset 为负数时,指针从 whence 处向文件头移动。

【例 5-7】 通过 f.tell()函数获取文件指针的位置。

```
>>> f=open('test.txt')
>>> print(f.tell())
0
>>> print(f.readline())
line 1
>>> print(f.tell())
8
>>> print(f.readline())
line 2
>>> print(f.tell())
16
>>> f.close()
```

【例 5-8】 使用 f.seek()函数移动文件指针的位置。

```
>>> f= open('test.txt','r+')
>>> print(f.tell())
0
>>> print(f.readline())
line 1
>>> f.tell()
8
>>> f.write('I love Python')
13
>>> f.seek(0,0)
0
>>> print(f.readline())
line 1
>>> f.seek(0,2)
64
>>> f.write("I love my motherland")
20
>>> print(f.tell())
84
>>> f.close()
```

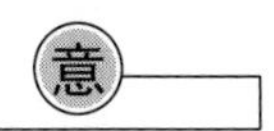

用 seek(n, 1)或 seek(n, 2)移动指针时,可能会出错(错误代码为 io.UnsupportedOperation: can't do nonzero end-relative seeks),出错的原因是以文本方式打开的文件(打开模式中不包含 b 选项)只允许从文件头开始计算相对位置。

5.2 基于上下文管理的文件操作

从上文中可以看出，对文件的操作需要三步：打开文件、操作文件、关闭文件。在这个过程中还有可能会出现异常，为了更加高效安全地操作文件，Python 从 2.5 版本开始引入了基于上下文管理的 with 语句，with 语句的目的在于从程序中把 try、except 和 finally 等关键字和资源分配释放相关代码都去除，不再使用 try...except...finally...这样复杂的语句结构。with 语句的基本用法为

```
with 上下文表达式 [as 变量]:
    with 语句体
```

with 语句看起来如此简单，其实它是基于上下文管理协议的，基于上下文管理协议的对象都已经实现了__enter__() 和__exit__()方法，上下文管理器执行 with 语句时要建立运行时上下文，会调用这两种方法执行进入和退出操作，__enter__() 方法在 with 语句体执行之前进入运行时上下文，__exit__() 在 with 语句体执行完后从运行时上下文退出。Python 中支持上下文管理的对象都已实现了这两种方法，在这两种方法中实现了环境的初始化和清理工作。对于文件的操作用如下例子的方法实现。

【例 5-9】 基于上下文的文件读取。

```
1  #coding:utf-8
2  with open("test.txt", "r") as f:
3  for line in f:
4      print(line)
```

可以看出，在这个对文件进行操作的语句中，已经没有关闭文件的语句，这样就不用总想着关闭文件了。这是因为当 with 代码块执行完毕时，内部的__exit__()方法会自动关闭并释放文件资源。从 Python 2.7 后，with 语句开始支持同时对多个文件的上下文管理。

下例中将 test.txt 文件内容读出并写入 test2.txt 文件中。

【例 5-10】 基于上下文的文件读/写。

```
1  #coding:utf-8
2  with open("test.txt", 'r') as fr, open("test2.txt", 'w') as fw:
3      for line in fr:
4          fw.write(line)
```

教学视频

5.3 文件属性

每个文件都有许多属性，这些属性中与人们工作、学习、生活关系比较密切的有文件大小、创建时间、修改时间、访问时间、只读、隐藏等属性，在 os 模块的 stat()函数就可以读取以上属性。

5.3.1 打印文件属性

【例 5-11】 打印文件属性。

```
>>> import os
```

```
>>> filestat = os.stat("C:\\tu.png")
>>> filestat
os.stat_result(st_mode=33206, st_ino=281474976944505, st_dev=46398457, st_nlink=1,
st_uid=0, st_gid=0, st_size=55170, st_atime=1543986142, st_mtime=1543986142, st_
ctime=1543978162)
```

os.stat()函数返回属性元组的含义，如表 5-2 所示。

表 5-2　os.stat()函数返回属性元组的含义

属　性	含　　义
st_mode	文件类型与文件模式
st_ino	Inode 号码，记录文件的存储位置
st_dev	存储文件的设备号
st_nlink	文件的硬连接数量
st_uid	文件所有者的用户 ID(user ID)
st_gid	文件所有者的用户组 ID(user group ID)
st_size	文件大小，单位为字节
st_atime	文件访问时间
st_mtime	文件修改时间
st_ctime	文件创建时间

示例如下所示。

```
>>> filestat.st_ctime
1543978162.1922376
```

显示文件的创建时间发现它是一个浮点数，文件的创建时间怎么会是 1543978162.1922376 这样一个大浮点数呢？计算机都有计时功能，能够输出格林尼治标准时间 1970-01-01 00:00:00 开始到现在的时间计数。在类 UNIX 操作系统中使用 64 位数以秒为单位，从 1970-01-01 00:00:00 时开始过去的“秒数”，这种设计习惯后来沿用到所有系统中。要把它变成人们习惯的时间表示，可以使用 time 模块中的 localtime()函数把文件创建时间分解为一个结构化时间。

```
>>> import time
>>> time.localtime(filestat.st_ctime)
time.struct_time(tm_year=2018, tm_mon=12, tm_mday=5, tm_hour=10, tm_min=49,
tm_sec=22, tm_wday=2, tm_yday=339, tm_isdst=0)
```

也可以使用 ctime()函数返回一个时间字符串。

```
>>> time.ctime(filestat.st_ctime)
'Wed Dec  5 10:49:22 2018'
```

使用 strftime()函数返回一个更符合需求的时间字符串。strftime()函数功能可参见 4.9.1 小节的 datetime 模块，如下所示。

```
>>> time.strftime("%Y-%m-%d %H:%M:%S",time.localtime(filestat.st_ctime))
'2018-12-05 10:49:22'
```

教学视频

5.3.2 实训：根据属性判断文件原始性

文件属性中的时间戳包括创建时间（Created Time，简称 Ctime）、修改时间（Modified Time，简称 Mtime）、最后访问时间（Accessed Time，简称 Atime），合称为 MAC 时间。创建时间是指文件第一次被创建或者写到磁盘上的时间；修改时间是指应用软件对文件内容做最后修改的时间（打开文件，以任何方式编辑，然后写回磁盘）；最后访问时间是指某种操作最后施加于文件上的时间，包括右击查看属性、复制、用查看器查看、用应用程序打开或打印，几乎所有的操作都会重置这个时间（包括资源管理器，但 DIR 命令不会）。在司法实践中常会用文件的 MAC 时间对文件的原始性做出判断，一般来说，文件的创建时间最早，修改时间和最后访问时间较晚。对文件的各种操作也会改变文件的时间属性，如表 5-3 所示。

表 5-3　常见操作与时间戳的关系

操　作	创建时间	修改时间	访问时间
卷内移动	不变	不变	不变
跨卷移动	更新	不变	更新
复制	更新	不变	更新
剪切	不变	不变	更新
压缩	不变	不变	不变
解压	更新	不变	更新
删除并恢复	不变	不变	不变
文件下载	更新	更新	更新

根据表 5-3，可以归纳出几条基于文件时间戳的规则。

（1）如果修改时间等于创建时间，说明文件既没有被修改也不是复制于其他磁盘，这意味着文件是原始的，未被更改过。在一个文件夹中，如果一些文件的修改时间等于创建时间，并且有很近的创建时间或者修改时间，那么这些文件极有可能是从网上批量下载的。

（2）如果修改时间先于创建时间，说明文件是从一个系统复制到另一个相同或不同的系统，或者从一个磁盘分区移动到另一个磁盘分区。在一个文件夹中，如果一些文件的修改时间先于创建时间，并且有很近的创建时间，那么这些文件可能属于以下几种情况：①成批地复制于另一个相同或不同的系统。②成批地从一个磁盘分区移动到另一个磁盘分区。③是从一个压缩文件中解压出来的。

（3）如果在硬盘上发现大量的文件具有很近的访问时间，那么这些文件极有可能被同一个工具软件扫描过，如杀毒软件。如果在一个文件夹中的文件具有分散的访问时间，那么这些文件极有可能是被单独访问的。

依据以上规则可以对文件的原始性、改写状况、访问状况进行分析，帮助司法人员对文件的原始性做出初步的判断。

【例 5-12】 根据属性判断文件的原始性。

```
1   import os
2   import time
3   while True:
4       filename = input("请输入文件名(如:c:/test.txt): ")
5       if os.path.exists(filename):
6           filestat = os.stat(filename)
7           ctime = int(filestat.st_ctime)
8           mtime = int(filestat.st_mtime)
9           atime = int(filestat.st_atime)
10          print("文件创建时间: ", ctime,
11                time.strftime("%Y-%m-%d %H:%M:%S", time.localtime(ctime)))
12          print("文件修改时间: ", mtime,
13                time.strftime("%Y-%m-%d %H:%M:%S", time.localtime(mtime)))
14          print("文件最后访问时间: ", atime,
15                time.strftime("%Y-%m-%d %H:%M:%S", time.localtime(atime)))
16          if (ctime == mtime):
17              print("文件可能是原始的,但还需要进一步分析")
18          elif (ctime>mtime):
19              print("文件可能被复制过,还需要进一步分析")
20          else:
21              print("以上是文件的时间戳,还需要进一步分析")
22          break
23      else:
24          filename = input("请重新输入文件名(如:c:/test.txt): ")
```

5.4 文件的操作

教学视频

5.4.1 复制文件

shutil 模块中的 copy()函数用于实现复制文件,函数用法为

```
copy(src,dst)
```

copy()函数把文件从 src 复制到 dst,如下所示。

```
>>> import shutil
>>> shutil.copy('test.txt','test.bak')
'test.bak'
```

copy(src,dst)也可以把文件复制到不同的文件夹。

```
>>> shutil.copy('C:\\Python35\\NEWS.txt', 'C:\\NEWS.bak')
'C:\\NEWS.bak'
```

5.4.2 删除文件

删除文件需要用到 os 模块的 remove()函数,为了确保删除的正确执行,可以先用

os.path.exists()函数判断文件是否存在。

```
>>> import os, os.path
>>> file='test.bak'
>>> if os.path.exists(file):
    os.remove(file)
```

5.4.3 文件重命名

可以使用 os.rename()函数对文件或文件夹进行重命名。

```
>>> if os.path.exists('test.txt'):
    os.rename('test.txt','test2.txt')
```

5.4.4 移动文件

使用 shutil.move(src,dst)函数可以实现文件的移动。

```
>>> shutil.move('test2.txt','test.txt')
'test.txt'
#把 test2.txt 改名为 test.txt,此时的 move()相当于 os.rename(src,dst)
>>> shutil.move('test2.txt','C:\\test.txt')
'C:\\test.txt'
#把 test2.txt 移动到了不同的文件夹
```

5.5 文件夹的操作

5.5.1 文件夹的创建

使用 os.mkdir()函数可以创建一个指定的文件夹，os.listdir()函数获取指定目录中的内容，代码如下所示。

```
>>> os.mkdir('C:\\mytemp')
>>> os.listdir('C:\\')
['Boot', 'bootmgr', 'config.ini', 'css.html', 'DkHyperbootSync', 'Documents and Settings', 'Drcom', 'engine.ini', 'GrandeDevice', 'hiberfil.sys', 'javascript.html', 'jlcss', 'log.txt', 'login.html', 'mfg', 'MSOCache', 'mytemp', 'pagefile.sys', 'Program Files', 'Program Files (x86)', 'ProgramData', 'Python37', 'Python35', 'RRbackups', 'sparkraw.log', 'support', 'SWSHARE', 'SWTOOLS', 'System Volume Information', 'Temp', 'Users', 'Windows']
```

创建多级文件夹。

```
>>> os.mkdir('./mydir/subdir')
Traceback (most recent call last):
  File "<pyshell#27>", line 1, in <module>
    os.mkdir('./mydir/subdir')
FileNotFoundError: [WinError 3] 系统找不到指定的路径。: './mydir/subdir'
```

可见使用 os.mkdir('')函数不能创建多级文件夹。

```
>>> os.makedirs('./mydir/subdir')        #makedirs()函数可以创建多级文件夹
>>> os.listdir('.')
['blogapp', 'ch4_10.py', 'DLLs', 'Doc', 'include', 'Lib', 'libs', 'LICENSE.txt',
'microblog', 'mydir', 'NEWS.txt', 'python.exe', 'python3.dll', 'python35.dll',
'python35_d.dll', 'python35_d.pdb', 'python3_d.dll', 'pythonw.exe', 'pythonw_
d.exe', 'pythonw_d.pdb', 'python_d.exe', 'python_d.pdb', 'README.txt', 'Scripts',
'tcl', 'test.txt', 'Tools', 'vcruntime140.dll']
```

5.5.2　删除文件夹

使用 os.rmdir()函数删除一个文件夹。

```
>>> os.rmdir('C:\\mytemp')
```

使用 os.removedirs()函数删除多级目录。

```
>>> os.removedirs('./mydir/subdir')
```

5.5.3　当前工作目录

每个在计算机中运行的程序都有一个当前工作目录，如果对一个文件进行操作，没有指定从根文件夹开始的文件名或路径，都是在当前工作目录下进行的，利用 os.getcwd()函数可以获取程序当前的工作目录，利用 os.chdir()可以改变当前工作目录。

```
>>> import os
>>> os.makedirs("C:\\mytest\\01\\02\\03")
>>> os.getcwd()
'C:\\Users\\Administrator\\AppData\\Local\\Programs\\Python\\Python35'
>>> os.chdir("C:\\mytest\\01\\02\\03")
>>> os.getcwd()
'C:\\mytest\\01\\02\\03'
```

5.6　实训：判断网站是否被入侵

教学视频

在网络攻防实战中，经常有这样的需求：有一个网站，需要知道它是否被入侵过。要满足这样的需求，就需要使用 Python 中的 filecmp 模块，进行文件、文件夹（含子文件夹）的差异比较。下面简要介绍 filecmp 在网络安全中的应用。filecmp 模块提供了三个方法：cmp（比较单个文件）、cmpfiles（比较多个文件）、dircmp（目录的对比）。下面分别予以介绍。

1. 单个文件的比较

比较单个文件，可以使用 filecmp.cmp(f1, f2[, shallow])方法，该方法的功能是比较两个文件是否匹配。参数 f1、f2 指定要比较的文件的路径。可选参数 shallow 指定比较文件时是否需要考虑文件本身的属性（通过 os.stat()函数可以获得文件属性，如最后访问时间、修改时间、创建时间等），shallow 默认值为 True，此时只根据 os.stat()函数返回的值进行比较，当 shallow 值为 False 时，os.stat()函数返回值与文件内容同时进行比较。如果文件内容匹配，函数返回 True，否则返回 False。

【例 5-13】 单个文件比较。

```
1   import os
2   import filecmp
3
4   f1 = open(r"C:\\test\\file1.txt", "w")
5   f1.write("AbcdefghijklmnopqrstuvwxyZ")
6   f1.flush()
7
8   f2 = open(r"C:\\test\\file2.txt", "w")
9   f2.write("abcdefghijklmnopqrstuvwxyz")
10  f2.flush()
11  f1.close
12  f2.close
13  #两个文件同时关闭,使它们的属性一致
14  print(os.stat("C:\\test\\file1.txt"))
15  print(os.stat("C:\\test\\file2.txt"))
16  filecmp.clear_cache()
17  #清理 filecmp()缓存,此操作在比较快的情况下会非常有用
18  fc1 = filecmp.cmp("C:\\test\\file1.txt", "C:\\test\\file2.txt", True)
19  print("在 shallow 默认值为 True 的情况下,只比较文件属性,返回值为: ", fc1)
20  filecmp.clear_cache()
21  fc2 = filecmp.cmp("C:\\test\\file1.txt", "C:\\test\\file2.txt", False)
22  print("在 shallow 默认值为 False 的情况下,文件属性与内容同时比较,返回值为: ", fc2)
```

代码执行结果如下所示。

```
os.stat_result(st_mode=33206, st_ino=25051272927323122, st_dev=460233, st_nlink=1,
st_uid=0, st_gid=0, st_size=26, st_atime=1434616745, st_mtime=1434616745,
st_ctime=1434615066)
os.stat_result(st_mode=33206, st_ino=24488322973901839, st_dev=460233, st_nlink=1,
st_uid=0, st_gid=0, st_size=26, st_atime=1434616745, st_mtime=1434616745,
st_ctime=1434615066)
在 shallow 默认值为 True 的情况下,只比较文件属性,返回值为: True
在 shallow 默认值为 False 的情况下,文件属性与内容同时比较,返回值为: False
```

从代码的执行结果可以看出，除 st_ino(Inode 号)不同外，其他一些属性如 st_atime(访问时间)、st_mtime(修改时间)、st_ctime(创建时间)都是相同的，可见，shallow 值为 True 时，只比较 os.stat()函数返回值，因此，filecmp.cmp()函数返回 True；shallow 值为 False 时，比较 os.stat()函数返回值及文件内容，该例中 filecmp.cmp()函数返回 False。

2. 多个文件的比较

多个文件的比较可以使用 filecmp.cmpfiles(dir1, dir2, common[, shallow])方法，该方法比较 dir1、dir2 目录下多个文件，参数 common 指定要比较的文件名列表。函数返回包含 3 个 list 元素的元组，分别表示匹配、不匹配以及错误的文件列表。错误的文件指的是不存在的文件，或文件被锁定不可读，或没权限读文件，或者由于其他原因访问不了该文件。

在 D:\pythonproj\test 目录下有 dir1 和 dir2 两个目录，在 dir1 目录下有 file1.txt、file2.txt、file3.txt、file4.txt；在 dir2 目录下有 file1.txt、file2.txt、file3.txt、file5.txt。SHA-1 值是比较文件内容是否相同的重要依据，两个文件的 SHA-1 值相同，则它们的内容相同；

SHA-1 值不同，则它们的内容就不同。以下是两个文件夹下文件的 SHA-1 值。

```
dir1:
F2DD62DDB37024E1AFCD956BB7EE5F99004FC489  file1.txt
32D10C7B8CF96570CA04CE37F2A19D84240D3A89  file2.txt
5859FB9105C0D530FE3D49B9BC65C9911CFFDF9B  file3.txt
01B307ACBA4F54F55AAFC33BB06BBBF6CA803E9A  file4.txt
dir2:
F2DD62DDB37024E1AFCD956BB7EE5F99004FC489  file1.txt
32D10C7B8CF96570CA04CE37F2A19D84240D3A89  file2.txt
340ED1BA0D46474A77DFAC96B8F309BCD8CE7A47  file3.txt
BD5E5EB049F3907175F54F5A571BA6B9FDEA36AB  file5.txt
```

从 SHA-1 值可以看出两个文件夹下的 file1.txt、file2.txt 文件内容相同，下面使用 cmpfiles()函数进行比较。

```
>>> filecmp.cmpfiles("D:\\pythonproj\\test\\dir1","D:\\pythonproj\\test\\
dir2",['file1.txt','file2.txt', 'file3.txt','file4.txt','file5.txt'])
(['file1.txt', 'file2.txt'], ['file3.txt'], ['file4.txt', 'file5.txt'])
```

从分析结果可以看出，两目录下的 file1.txt、file2.txt 完全相同，因此匹配；file3.txt 不相同，因此不匹配；file4.txt 在 dir2 文件夹下不存在，file5.txt 在 dir1 文件夹下不存在，因此错误。

3. 文件夹的比较

文件夹的比较可以使用 dircmp(a,b[,ignore[,hide]])方法，该方法对两个文件夹进行比较，可以获取一些详细的比较结果(如只在 A 文件夹存在的文件列表)，并支持子文件夹的递归比较。

dircmp()方法提供了三个输出报告的方法。

(1) report()，比较文件夹 a 和 b，并输出报告到标准输出设备。

(2) report_partial_closure()，比较 a 和 b 目录及其下的第一级目录并输出。

(3) report_full_closure()，递归比较指定目录 a 和 b 下的所有共有子目录并输出。

为了获取详细的比较结果，dircmp()方法提供了以下的一些属性。

(1) left_list：左边文件夹中的文件与文件夹列表。

(2) right_list：右边文件夹中的文件与文件夹列表。

(3) common：两边文件夹中都存在的文件或文件夹。

(4) left_only：只在左边文件夹中存在的文件或文件夹。

(5) right_only：只在右边文件夹中存在的文件或文件夹。

(6) common_dirs：两边文件夹都存在的子文件夹。

(7) common_files：两边文件夹都存在的文件。

(8) common_funny：两边文件夹都存在的子文件夹。

(9) same_files：匹配的文件。

(10) diff_files：不匹配的文件。

(11) funny_files：两边文件夹中都存在，但无法比较的文件。

（12）subdirs：将 common_dirs 目录名映射到新的 dircmp 对象，格式为字典类型。

为了判断 Web 服务器是否被入侵，先将原始的 Web 目录复制到一个较安全的地方，然后比较 Web 服务器中 C:\inetpub\wwwroot 目录与它的备份目录 D:\wwwbackup，比较后，可以用 report_full_closure()函数报告比较结果，但输出格式不合乎要求。返回的 diff_files 属性中包含两个文件夹中内容不同的文件，此文件其实就是被黑客修改过的文件；返回的 left_only 属性是左边文件夹中才有的文件，也就是网站中多出来的文件，其实是黑客上传的木马；返回的 right_only 属性是右边文件夹中才有的文件，也就是备份文件夹才有的文件，其实是网站中被删除的文件。为了更清晰地报告比较结果，下面的程序将递归地比较并显示每个子文件夹的 diff_files、left_only、right_only 属性，也就是网站中被修改的、被上传的、被删除的文件。

教学视频

【例 5-14】 判断网站是否被入侵。

```
1   from filecmp import *
2   import os
3
4   def print_modi_files(dcmp):                        #打印被修改的文件名
5     if dcmp.diff_files != []:
6         for mf_name in dcmp.diff_files:
7            print(f"{os.path.abspath(dcmp.left)}  {mf_name} 可能被修改")
8     for sub_dcmp in dcmp.subdirs.values():   #递归检查子文件夹
9         print_modi_files(sub_dcmp)
10
11  def print_muma(dcmp):                              #打印被上传的木马文件名
12    if dcmp.left_only != []:
13        for ma_fname in dcmp.left_only:
14            print(f"{os.path.abspath(dcmp.left)}  {ma_fname}可能是上传的木马")
15    for sub_dcmp in dcmp.subdirs.values():
16        print_muma(sub_dcmp)
17
18  def print_delfile(dcmp):                           #打印被删除的文件名
19    if dcmp.right_only != []:
20        for delfile in dcmp.right_only:
21           print(f"{os.path.abspath(dcmp.left)}  {delfile}可能是被删除的文件")
22    for sub_dcmp in dcmp.subdirs.values():
23        print_delfile(sub_dcmp)
24
25  wwwdir = 'C:\\inetpub\\wwwroot\\'
26  backupdir = 'D:\\wwwbackup\\'
27  dcmp = dircmp(wwwdir, backupdir)                   #左边的目录为网站，右边为备份目录
28  #dcmp.report_full_closure()                        #report_full_closure 函数可以报告
                                                        比较结果，但结果较杂乱
29  print_modi_files(dcmp)
30  print_muma(dcmp)
31  print_delfile(dcmp)
```

通过代码比较网站文件夹与备份文件夹，可以显示被修改的文件、被上传的文件和被删除的文件。程序显示信息如下。

```
C:\inetpub\wwwroot\    default.asp 可能被修改
C:\inetpub\wwwroot\images\    top-1.jpg 可能被修改
C:\inetpub\wwwroot\  ma.jpg 可能是上传的木马
C:\inetpub\wwwroot\  conn.asp 可能是被删除的文件
```

根据以上信息可以判断网站已经被入侵了，有的文件被修改，有黑客上传的木马，也有被删除的文件。管理员需要马上采取行动，保障网站的安全。

本章小结

本章介绍了文件相关的知识：文件分为文本文件和二进制文件；打开文件时需指定打开的方式；对文件操作完成后一定要关闭文件；读取文件的方法分为三种，包括全部读取、行读取、多行读取；写入数据的方法分为两种，分别是行写入和多行写入；若要以添加方式写入数据，必须指定打开方式为 a 或 at；操作文件时需要获取或移动文件指针的位置。基于上下文方式操作文件可以不用考虑关闭文件的问题；文件的属性是文件的重要特征，可以依据它判断文件的原始性。本章还介绍了对文件、文件夹进行操作的方法，并且介绍了使用 filecmp 模块比较文件、文件夹的方法，进而可以判断是否有黑客入侵网站。

思考与练习

一、选择题

1. 以“添加”方式打开文件时，打开方式用字母(　　)表示。

   A. r　　B. w　　C. a　　D. i

2. 返回文件指针的函数是(　　)。

   A. tell()　　B. seek()　　C. locate()　　D. find()

3. 基于上下文管理方式打开文件后，(　　)关闭文件。

   A. 不用　　B. 一定要　　C. 最后要　　D. 用完，就要

4. Python 对文件进行读取时，不可以使用(　　)函数。

   A. read()　　B. readline()　　C. readlines()　　D. readbyte()

5. Python 对文件进行写操作时，可以使用(　　)函数。

   A. write()　　B. append()　　C. writeline()　　D. insert()

6. 文件的时间属性是从(　　)开始计算的。

   A. 1970-1-1 08:00:00　　B. 1900-1-1 00:00:00

   C. 1900-1-1 08:00:00　　D. 1970-1-1 00:00:00

二、编程题

1. 把字符串“abcdef123456 中国”存入 C:\test.txt 文件，查看文件的长度(字节数)
2. 打开第 1 题生成的 C:\test.txt 文件，在文件尾部添加“这是添加的内容”。
3. 把第 2 题生成的 C:\test.txt 文件复制到 D:\testbak.txt。
4. 打印第 2 题生成的 C:\test.txt 文件的属性。

第6章

面向对象编程

1. 掌握类的定义方法。
2. 掌握类属性的用法。
3. 掌握类方法的用法。
4. 掌握构造函数与析构函数的用法。
5. 掌握类的继承。
6. 了解类的多态。

面向对象编程(Object Oriented Programming,OOP)是Python中重要的编程思想,面向对象的编程思想解决了程序代码的复用问题。过去使用较多的是面向过程的程序设计方法,该方法把程序视为一系列命令的集合,把程序分为一个一个的子函数,函数完成一定的功能。面向对象编程则把事物抽象为类,类中包含成员属性和成员方法,成员属性又称为成员变量,成员方法又称为成员函数。类把成员变量和成员方法进行封装,通过类的成员方法操作成员变量;在已有类的基础上,可以生成新的类,称为继承,已有的类称为父类,新继承生成的类称为子类,子类继承了父类的所有属性和方法,并且可以创造出属于自己的新的属性和方法。子类的方法在处理数据时,可以根据数据对象的类型选择最佳的处理方法,这种机制称为多态。类的封装、继承、多态是面向对象编程中的三个重要概念。

教学视频

6.1 类的定义

类是面向对象编程中非常重要而又基础的概念,类是客观世界中事物的抽象,而对象则是类实例化后生成的变量。例如,建造房屋,需要先设计图纸,然后根据图纸建造出具体的房子,可以把图纸看作类,具体的房子看作对象,类是抽象的,对象是具体的。在使用类之前,需要先定义类,定义类的语法如下所示。

```
class ClassName(SuperClassName):
    def methodname(self):
        方法体
```

在 Python 中可以使用关键字 class 定义一个类。一般情况下,类名的首字母需要大写,类名的单词之间不加下画线。SuperClassName 是父类名,若没有父类,则父类名为空,或者为 object。定义类方法时,至少需要一个参数 self,有多个参数的情况下,self 必须是方法的第一个参数,self 代表将来要创建的对象本身。

创建类后,需要对类进行实例化,生成类的对象,通过对象才可以访问对象的属性和方法。下面创建一个 People 类,并把它实例化,生成对象 zhangsan,代码如下所示。

【例 6-1】 类的定义。

```
1   #coding:utf-8
2   class People(object):
3       def work(self):
4           print("我正在工作。")
5
6       def think(self):
7           print("我正在思考。")
8
9   zhangsan = People()      #生成 People 类的实例 zhangsan 对象
10  zhangsan.work()          #通过"对象名.方法()"调用 zhangsan 对象的 work()方法
11  zhangsan.think()         #调用 think()方法
```

哲学中有一个重要的抽象概念“人”,人作为一个抽象概念具有区别于其他动物的重要特征:能劳动、思考和制造工具。通过代码 class People()定义了 People 类,类包括 work()、think()方法,People 类是抽象的,只有把它具体化才有意义,通过 zhangsan = People()语句,根据 People()类创建 People 类的实例,然后赋值给 zhangsan,zhangsan 则成为 People 类的对象,通过“对象名.方法()”来调用对象方法。通过以上代码可以看出类和对象的区别:类是客观世界中事物的抽象,而对象则是类实例化后的变量。程序运行结果如下所示。

```
我正在工作。
我正在思考。
```

“我正在工作。”是 work()方法的运行结果,“我正在思考。”是 think()方法的运行结果。

6.2 类的属性

教学视频

面向对象编程方法有一个重要概念——封装,也就是把类要处理的数据和处理数据的方法打包在类中,从而实现包装、隐藏细节的方法。封装是类的一种保护屏障,防止该类的代码和数据被外部类定义的代码随机访问。封装有以下几点好处。

(1) 良好的封装能够减少对象之间的联系,也就是低耦合。

(2) 类内部的结构可以自由修改。

(3) 可以对成员变量进行更精确的控制。

(4) 隐藏信息和实现细节。

类中要处理的数据，称为属性，按照属性定义的方法可以把属性分为类属性和实例属性，按照访问范围和领域又可以分为公有属性和私有属性。

实例属性是在构造函数__init__()中定义的属性，称为实例属性，类属性是在类中所有方法之外定义的属性称为类属性。实例属性属于实例(对象)，只能通过对象名访问；类属性属于类，可以通过类名访问。

【例 6-2】 类的属性。

```
1   class People(object):
2       def __init__(self, name):
3           self.name = name
4   #定义一个实例属性 name,其值为传过来的参数 name
5
6       def work(self):
7           print(f"{self.name}正在工作。")
8   #通过"self.实例变量"的方式访问实例属性
9
10  zhangsan = People("张三")
11  #生成 People 类的实例 zhangsan 对象,name 值为“张三”
12  zhangsan.work()
13  #通过"对象名.方法()"调用 zhangsan 对象的 work()方法
```

程序运行结果如下所示。

```
张三正在工作。
```

在初始化方法__init__()中通过 self.name = name 语句定义的 name 属性是对象属性，在类中通过 self.name 访问该属性。

在类中如果有些属性不希望在类外访问，则可以在属性前加两个下画线，表示该属性为私有属性，不加两个下画线的属性则为公有属性。私有属性是为了数据封装和保密而设置的属性，私有属性在类外不能直接访问，需要调用对象的公有方法才能访问，而公有属性则无此限制。

【例 6-3】 类的属性方法。

```
1   class People(object):
2       def __init__(self, name):
3           self.name = name
4           self.__password = "123456"
5   #属性名前加两个下画线,表示该属性为私有属性
6
7       def work(self):
8           print(f"{self.name}正在工作。")
9
10      def showpwd(self):
11          print(self.__password)
12  #要访问私有属性最好通过公有方法访问
13
14  zhangsan = People("张三")
```

```
15 zhangsan.work()
16 #print(zhangsan.__password)
17 #通过"对象名.__password"访问私有属性会出错误
18 zhangsan.showpwd()  #通过公有方法访问私有属性
19 print(zhangsan.name)  #直接访问公有属性
```

程序运行结果如下所示。

```
张三正在工作。
123456
张三
```

6.3 类的方法

教学视频

类属性和方法都可以在实例对象中访问，这被称为公有属性和公有方法，在实际的编程中，需要一些在类外不能访问的属性和方法，如__passwd属性和__lookpasswd()方法，这就是私有属性和私有方法，定义私有属性和私有方法只需要在属性或方法的前面加两个下画线就可以了。私有属性和私有方法不能在类外访问，只能在类中通过“self.属性”或“self.方法”调用。

【例 6-4】 类的方法。

```
1  #coding:utf-8
2  class People(object):
3      def __init__(self, name):
4          self.name = name
5          self.__password = "123456"
6          #属性前加两个下画线,表示该属性为私有属性
7
8      def work(self):
9          print(f"{self.name}正在工作。")
10
11     def __lookpasswd(self):       #定义私有方法
12         return self.__password
13
14     def setpasswd(self, passwd):
15         self.__password = passwd
16
17     def showpasswd(self):
18         #print(self.__lookpasswd())
19         print(self.__password)
20
21 lisi = People("李四")
22 lisi.inputpasswd("654321")
23 #lisi.__lookpasswd()
24 lisi.showpasswd()
```

每个人都有自己的小秘密，如网银的密码等，为了资金的安全，不能把它告诉任何人。

这里，在 People 类中定义了__passwd 属性和__lookpasswd()方法，它们是私有属性和私有方法，当执行 print(lisi.__passwd)时，会产生错误，返回的错误信息如下。

```
AttributeError: 'People' object has no attribute '__passwd'
```

说明在类外不能访问__passwd 属性。

当执行 print(__lookpasswd())时，也会产生错误，返回的错误信息如下。

```
NameError: name '__lookpasswd' is not defined
```

也就是说，私有方法也不能在类外访问。为了访问私有属性和私有方法，需要在类中定义一个公有方法，在公有方法中访问私有属性和私有方法。在类外通过公有方法才能访问私有属性和私有方法。在本例中通过 showpasswd()方法调用私有方法__lookpasswd()，从而实现了查看密钥的功能。

教学视频

6.4 构造函数与析构函数

在类中有两个特殊的函数：构造函数和析构函数。构造函数的名称为__init__()，析构函数的名称为：__del__()，构造函数在类实例时被调用，析构函数在类实例被删除时被调用。正是基于这样的原理，把对类进行初始化的功能放在构造函数内，把释放类所占用资源的功能放到析构函数内。下面用构造函数对 People 类进行初始化。

【例 6-5】 类的构造函数。

```
1   #coding:utf-8
2   class People(object):
3       name = ''                          #类属性
4
5       def __init__(self, name='无名氏', gender='男'):
6           self.gender = gender       #实例属性
7           self.name = name           #实例属性
8           print(f"{self.name}诞生了。")
9
10      def printInfo(self):
11          print(self.name, self.gender)
12
13  zhangsan = People("张三")
14  zhangsan.printInfo()
15  lisi = People()
16  lisi.printInfo()
```

程序执行结果如下所示。

```
张三诞生了。
张三男
无名氏诞生了。
无名氏男
```

析构函数用于释放对象所占用的资源，它会在收回对象空间之前自动被调用。Python

中用__del__()表示类的析构函数。注意,此处也是前面两个下画线,后面两个下画线。

【例 6-6】 类的析构函数。

```
1   #coding:utf-8
2   class People(object):
3       def __init__(self, name='无名氏', gender='男'):
4           self.gender = gender
5           self.name = name
6           print(f"欢迎,{self.name}诞生了。")
7
8       def printInfo(self):
9           print(self.name, self.gender)
10
11      def __del__(self):
12          print(f"再见,{self.name}的生命终点到了。")
13
14  lisi = People('李四', '女')
15  lisi.printInfo()
16  del lisi
```

程序的执行结果如下所示。

```
欢迎李四诞生了。
李四女
再见,李四的生命终点到了
```

程序有__init__()函数和__del__()函数两个函数,主程序中执行 lisi=People('李四','女')语句时,即生成了 People 类的对象 lisi,此时,调用了__init__()函数,对 lisi 进行了初始化。del lisi 删除对象 lisi 时,自动调用了析构函数,输出了"再见,李四的生命终点到了"。

6.5 类的继承

教学视频

类的继承是面向对象编程中重要的机制,通过类的继承实现了代码的复用。一个项目,以前设计过的具有一定功能的类,对系统进行更新改造时,设计了新的类,新的类继承自原有的类,那么这个新生成的类称为子类,被继承的类称为父类。子类继承了父类的属性和方法,同时子类还可以具有父类没有的属性和方法。类的继承如下所示。

```
class Subclass(ParentClass):
  classstate
```

【例 6-7】 类的继承。

```
1   #coding:utf-8
2   class People(object):
3       def __init__(self, name):
4           self.name = name
5           #定义一个实例属性 name,其值为传过来的 name
6
```

```
7       def work(self):
8           print(f"{self.name}正在工作。")
9           #通过"self.实例变量"的方式访问实例属性
10
11  class Student(People):          #定义 Student 类,该类继承自 People 类
12      def __init__(self, name, idnum=''):
13          #子类中的__init__()方法,覆盖了父类的__init__()方法
14          self.name = name
15          self.idnum = idnum      #定义学号(idnum)变量
16
17      def study(self):            #定义 study 方法
18          print(f"{self.name}正在学习。")
19
20  lisi = Student("李四", idnum="20190101")
21  lisi.study()
22  lisi.work()
```

程序的运行结果如下所示。

```
李四正在学习。
李四正在工作。
```

通过上例可以看出：子类 Student 继承了父类 People 的所有变量和方法，尽管 Student 类没有定义 work()方法，但它从父类 People 继承而具有了这些方法，同时 Student 类又定义了自己的新的 study()方法，实现了父类中没有的方法，Student 类中的__init__()方法与 People 类中的__init__()方法同名，也就是说子类的__init__()方法覆盖了父类的__init__()方法，实现了更为丰富的功能。

Python 中一个类不仅可以从一个父类继承，还可以从多个父类继承，实现类的多重继承，如下所示。

【例 6-8】 类的多重继承。

```
1   class Ship(object):             #定义 Ship 类
2       def sail(self):             #定义 sail()方法
3           print("我能在水上航行。")
4
5   class Plane():                  #定义 Plane 类
6       def fly(self):              #定义 fly()方法
7           print("我能在空中飞。")
8
9   class Hovership(Ship, Plane):   #气垫船是船与飞机的综合体
10      pass                        #pass 是空语句,是为了保持程序结构的完整性,一般
                                     只作为占位语句
11
12  hship = Hovership()
13  hship.fly()                     #hship 通过继承具有了 fly()方法
14  hship.sail()                    #hship 通过继承具有了 sail()方法
```

程序运行结果如下所示。

我能在空中飞。
我能在水上航行。

首先定义了 Ship 类和 Plane 类，接着定义了 Hovership 类，它继承了 Ship 类和 Plane 类，因此它具有了两个父类的特征。

6.6 类的多态

教学视频

多态是指基类中定义的一个方法，可以在其派生类中重新实现，不同的派生类中的实现方法不同。当调用某一方法时，可以根据对象的不同，决定调用不同对象的不同方法。

下面定义两个类：Student 类和 Teacher 类。它们都是 People 类的子类，Student 类实现了自己的 work()方法，Teacher 类也实现了 work()方法。调用 work()方法时，自动根据对象的不同，决定运行哪个派生类的 work()方法。

【例 6-9】 类的多态。

```
1  #coding:utf-8
2  class People(object):
3      def __init__(self, name):
4          self.name = name                    #定义一个实例属性 name,其值为传过来的 name
5
6      def work(self):
7          print(f"{self.name}正在工作。")    #通过"self.实例属性"的方式访问实例变量
8
9  class Student(People):                      #定义 Student 类,该类继承自 People 类
10     def work(self):                         #定义 work()方法
11         print(f"{self.name}的工作就是好好学习。")
12
13 class Teacher(People):
14     def work(self):
15         print(f"{self.name}的工作就是好好上课。")
16
17 def p_work(People):
18     People.work()
19
20 kongzi = Teacher("孔子")
21 kongzi.work()
22
23 zengzi = Student("曾子")
24 zengzi.work()
25
26 p_work(kongzi)
27 p_work(zengzi)
28
29 persons = {kongzi, zengzi}
30 for p in persons:
31     p.work()
```

程序运行结果如下所示。

```
孔子的工作就是好好上课。
曾子的工作就是好好学习。
孔子的工作就是好好上课。
曾子的工作就是好好学习。
曾子的工作就是好好学习。
孔子的工作就是好好上课。
```

第 17 行定义了 p_work(People)函数，People 作为参数代表 People 类的对象。p_work()函数会根据对象的不同选择合适的类方法。

第 29 行定义了 persons 集合，集合元素是上面创建的 kongzi 和 zengzi，执行 p.work()函数时，会根据对象的不同决定调用不同类的 work()方法。

第 17 行和第 29 行是两种不同的多态实现方法，注意体会。

本章小结

本章介绍了面向对象编程的相关知识。面向对象编程的思想更接近于人类的思维，更便于代码的复用以及程序的升级更新。类是事物的抽象概念，定义完类后，需要实例化才能生成对象；封装是将类要处理的数据与处理数据的方法打包在类中，从而实现包装、隐藏细节的方法。实例属性是在构造函数中定义的，类的公有属性可以在类外访问，而私有属性在类外不可访问，只有通过公有方法才可以访问私有属性；方法也分为公有方法和私有方法，公有方法可以在类外访问，私有方法不可以在类外访问。构造函数在类实例化时被调用，析构函数是在类实例被删除时调用。继承是面向对象程序设计的重要概念，通过继承，子类继承了父类的属性和方法，子类可以重写父类的方法，还可以具有父类没有的属性和方法；在基类中定义了一个方法，在不同的子类中对该方法有不同的实现方法，调用该方法时，可根据对象的不同，决定调用不同对象的不同方法，这种方式被称为多态。

思考与练习

一、选择题

1. 构造函数是类的一个特殊函数，在 Python 中，构造函数的名称是（　　）。

A. __construct　　B. 与类同名　　C. __init__　　D. init

2. 类的析构函数主要用于释放对象所占用的资源，它的名称是（　　）。

A. destructor　　B. __del__　　C. del　　D. __类名__

3. Python 类中有一个特殊的变量（　　），它表示当前对象本身，可以使用它来引用对象中的成员属性和成员方法。

A. me　　B. this　　C. self　　D. 类名

4. Python 类中，表示私有变量的是（　　）。

A. private　　B. __XXX__　　C. __XXX　　D. public

二、编程题

1. 设计1个汽车(Car)类,该类有run()方法,有wheels属性;设计小汽车类(Motorcar)继承于汽车(Car)类,该子类有stop()方法,有color属性,生成Motorcar类的对象baoma,调用它的run()方法和stop()方法,并显示wheels属性和color属性。

2. 设计1个类代表三角形(Triangle),它有3条边长属性,输出计算三角形面积的方法(提示:$p=(a+b+c)/2, S=\sqrt{[p(p-a)(p-b)(p-c)]}$),建立2个三角形的对象并使用它。

3. 参照例6-9,设计People类,该类有方法role(),此方法在屏幕上显示"我是一个普通人";设计一个Parent类(继承自People类),该类有方法role(),此方法在屏幕上显示"我是子女的父(母)亲";设计一个Son类或Daughter类(继承自People类),该类有方法role(),此方法在屏幕上显示"我是父母的儿子(女儿)"。生成Parent类实例p,生成Son(Daughter)类实例s,设计函数myrole(People),调用myrole(p)和myrole(s),观察程序运行结果。

4. 设计一个Animal类,该类有run()方法,该方法在屏幕上显示"我能用脚跑";设计一个Bird类,该类有fly()方法,该方法在屏幕上显示"我能用翅膀飞";设计一个Ostrich类,该类继承Animal类、Bird类,生成Ostrich类实例ostrich01,调用该实例的run()方法、fly()方法。

5. 先建立一个点(Point)类,包含成员属性(x坐标点和y坐标点);以它为父类派生出一个圆(Circle)类,增加成员属性半径(r)和成员方法area();再以Circle类为父类派生出一个圆柱(Cylinder)类,增加成员属性高(h)和成员方法volume()。

6. 设计一个圆(Circle)类,圆类有半径(r)属性,设计一个area()方法和perimeter()方法。实例化该类,半径为5,显示圆的周长和面积。(提示:π用语句导入可写为from math import pi)

7. 建立一个NetChat类,类中有chat()方法,方法功能是进行网络通信(显示为"我们正在网络聊天……"),类中有构造函数__init__(),功能是进行网络连接(显示为"正在进行网络连接……")、类中有析构函数__del__(),功能是断掉网络释放资源(显示为"网络连接已断掉")。实例化该类,运行chat()方法,然后删除该类对象。观察体会构造函数、析构函数、类方法运行的时机和顺序。

第7章

异 常 处 理

1. 掌握程序产生错误的原因。
2. 掌握捕获并处理异常的方法。
3. 了解自定义异常类的方法。

在日常编程的过程中，经常会遇到以下类似情况。

```
>>> a=3
>>> b = input("请输入一个数：")
请输入一个数：0
>>> c = a/int(b)                    #除数为零错误
Traceback (most recent call last):
  File "<pyshell#2>", line 1, in <module>
    c = a/b
ZeroDivisionError: division by zero
```

再次执行输入语句，输入字符 a。

```
>>> b=input("请输入一个数：")
请输入一个数：a
>>> c=a/int(b)                      #将字符 a 转为整数，产生值错误
Traceback (most recent call last):
  File "<pyshell#9>", line 1, in <module>
    c=a/int(b)
ValueError: invalid literal for int() with base 10: 'a'
```

产生这些错误的原因有较为简单的语法错误和逻辑错误（如大小写错误、缩进错误等），也有运行错误（如除数为0、序列索引越界等错误）。当 Python 检测到一个错误时，解释器就会指出当前程序无法继续运行下去，这时就会抛出异常。程序需要捕获并处理这个异常，

不然，程序就会异常退出。

那么什么是异常呢？先来看错误，错误大致可以分为以下三类。

(1) 语法错误。由于初学者对 Python 语法掌握得不是很好，编写的程序经常会出现各种语法错误，如大小写错误、缩进错误、标点符号错误等。

(2) 逻辑错误。程序运行后，不能得到预期的结果，如指令次序错误、结构错误、算法考虑不周等。

(3) 运行错误。程序在运行过程中出现的错误，这类错误事先是不可预料的，如除数为 0、序列下标超界、无法打开文件、网络中断、磁盘空间不足等。

第(1)、(2)类错误不属于异常，运行错误才属于异常。必须对异常进行捕获并处理，否则程序异常退出，既影响用户的使用体验，也会影响程序的健壮性。

7.1 捕获并处理异常

教学视频

Python 中使用 try...except...语句对代码块进行监测，检查是否有异常发生。异常捕获语句有两种形式：try...except...和 try...except...else...finally...。

7.1.1 try...except...语句

Python 中最常见的异常捕获方式如下所示。

```
try:
    代码块
except Exception [as reason]:
    except 块                          #异常处理模块
```

代码块是被监控、有可能会出现异常的语句；Exception 是捕获异常的类型，常见的异常类型如表 7-1 所示，异常类之间的关系可参见附录 C，捕获 Exception 类异常，基本可以捕获常见的所有异常。

表 7-1 Python 中常见的异常类型

异常类型	描　述
Exception	所有异常的基类
AttributeError	特性应用或赋值失败时引发
IOError	输入/输出错误时引发
IndexError	序列索引越界时引发
KeyError	在使用字典不存在的键时引发
NameError	尝试访问一个未声明的变量时引发
SyntaxError	语法错误时引发
TypeError	对象类型错误时引发
ValueError	传给函数的参数类型不正确时引发
ZeroDivisionError	除数为 0 时引发

下面来看一段代码。

```
>>> try:
    a = 3
    b = input("请输入一个数: ")
    c = a / int(b)
    print(c)
except Exception:
    print("发生异常了")
请输入一个数: 0
发生异常了
```

这里变量 a 的值为整数 3，从键盘输入一个字符，赋值给 b，a 除以转换为整数后 b 的值，将计算结果赋值给 c，最后打印 c。若输入字符 0 给 b，则会引发 ZeroDivisionError 异常，该异常被 try...except...语句捕获，处理异常的语句输出了相应的提示信息。

当然，try...except...也可以捕获异常发生的原因，代码如下。

```
>>> try:
    a = 3
    b = input("请输入一个数: ")
    c = a / int(b)
    print(c)
except Exception as e:
    print("发生异常了")
    print(e)
请输入一个数: 0
发生异常了
division by zero
```

代码 except Exception as e 将捕获所有异常及异常产生的原因 e，print(e)则输出异常产生的原因。

7.1.2 try...except...else...finally...语句

else 语句经常与其他语句一起使用，表示另外情况，try...except...else...语句的功能是：如果 try 语句捕获了异常，就执行 except 语句块处理异常，如果 try 语句没有捕获异常，则执行 else 语句块。不管 try 语句捕获异常与否，最后都将会执行 finally 语句后面的代码。

还用上面的例题，实现这样的功能：当程序出现除数为 0 异常时，显示“发生异常了”，无异常发生时，显示 c 的值。

【例 7-1】 捕获并处理异常。

```
1   #encoding:utf-8
2   try:
3       a = 3
4       b = input("请输入一个数: ")
5       c = a / int(b)
6   except Exception as e:
7       print("发生异常了")
8       print(e)
9   else:
```

```
10      print(f"c={c}")
11  finally:
12      print("有无异常,都显示该字符串。")
```

程序执行三次:

```
请输入一个数:0
发生异常了
division by zero
有无异常,都显示该字符串。
>>>
请输入一个数:a
发生异常了
invalid literal for int() with base 10: 'a'
有无异常,都显示该字符串。
>>>
请输入一个数:5
c=0.6
有无异常,都显示该字符串。
```

第一次执行,输入 0,引发了异常,except Exception as e 捕获异常,执行第 7、8 两行,显示异常原因为 division by zero;第二次执行,输入 a,a 不能转换为整数,引发异常,捕获后显示异常原因为 invalid literal for int() with base 10: 'a';第三次执行输入 5,无异常发生,执行 else 后面的语句,输出 c 的值。三次执行都显示了"有无异常,都显示该字符串。",说明 finally 语句,不管有无异常都会被执行。

7.2 创建自定义异常类

之前捕获并处理的异常都是 Python 内置的异常,如果需要处理具有特殊功能的异常,可以自己定义异常类,异常类的父类是 Exception。

下面创建自定义异常类 NetworkError。

```
>>> class NetworkError (Exception):
    def __init__(self,msg):          #覆盖 Exception 类的__init__()方法
        self.msg=msg
    def __str__(self):               #覆盖 Exception 类的__str__()方法
        return repr(self.msg)        #将对象转换为字符串
>>> try:
    raise NetworkError ("网络异常")   #raise 引发 NetworkError 异常
except MyError as e:
    print("发生了自定义异常 NetworkError,异常值为:",e.value)
发生了自定义异常 NetworkError,异常值为:网络异常
```

NetworkError 类继承自 Exception 类,并覆盖了父类 Exception 类的__init__()方法和__str__()方法。

这里使用了 raise 语句主动引发异常,raise 语句的语法如下。

```
raise SomeException([args])
```

本章小结

本章介绍了异常处理的相关知识。日常编程中经常出现的错误有：语法错误、逻辑错误、运行错误。运行中出现的错误称为异常；捕获并处理异常是提升程序健壮度的重要手段；使用 try...except...语句可以捕获语句可能产生的异常；try...except...else...finally...表示无论 try 语句捕获异常与否，最后都会执行 finally 语句后的代码；若现有的异常类不能满足需求时，可以自定义异常类并处理它。

思考与练习

一、选择题

1. 编程中经常出现的错误主要包括（　　）。

A. 语法错误　　B. 逻辑错误　　C. 运行错误　　D. 结构错误

2. 常规异常的基类是（　　）。

A. NameError　　B. SyntaxError　　C. TypeError　　D. Exception

3. 处理异常时，要捕获异常发生的原因，可以使用以下语句（　　）。

A. try：
　　代码块
except Exception

B. try：
　　代码块
exception ExceptionName

C. try：
　　代码块
except Exception as e

D. try：
　　代码块
except Exception e

4. 所有异常类都是从（　　）派生出来的。

A. Exception　　B. BaseException　　C. Except　　D. ParentException

二、判断题

1. 在 Python 的异常处理机制中，可以自定义异常类。（　　）

2. 在捕获并处理异常时，可以一次捕获并处理多个异常。（　　）

三、简答题

1. 异常与错误有何区别？

2. try...except 和 try...except...else...finally 有什么不同？

3. Python 异常处理结构有哪几种形式？

四、编程题

从键盘输入一个数字，把该数字（字符串）转换成数字（p），v=10/p，显示 v 的值（注意捕获 ValueError，ZeroDivisionError 异常）。

第8章

组合数据类型

1. 掌握序列存储和访问的方法。
2. 掌握列表的定义、访问、增加、删除等方法。
3. 掌握元组的定义、访问方法，以及元组与列表的区别。
4. 掌握字典的定义、访问、更新、删除方法。
5. 掌握集合的创建、更新、运算方式。

第2章介绍了Python的基本数据类型及其运算，为了方便用户的使用，Python提供了更高级的数据结构，使用它们，能够更方便快捷地编写程序。

8.1 列表

教学视频

8.1.1 序列

序列是编程语言中常见的一种数据存储方式，它是一系列连续的、相关的，并按一定顺序排列的数据。支持成员关系操作符(in)、大小计算函数(len())、切片([])，且可以迭代。Python中有5种序列类型：bytearray、bytes、list、tuple以及str。图8-1显示了一个序列，序列中的元素是由序列名+位置编号构成的，如a[2]，序列的位置编号是从0开始的，因此，序列的第一个元素是a[0]，第二个元素是a[1]，以此类推；序列也可以从尾部开始访问，最后一个元素是a[−1]，倒数第二个是a[−2]，以此类推。

8.1.2 列表的定义

列表是Python内置的可变序列，是若干个元素的连续内存空间，列表的每个成员被称为元素，列表的所有元素放在一对方括号([])中，并用逗号分隔开，如下所示。

```
[1314,246,259695,520]                    #所有元素都是整数
['apple','banana','Orange','peach']      #所有元素都是字符串
['apple',0,3.14,'peach',[12,345]]        #列表的元素可以是整数、浮点数、字符串,甚
                                          至列表、元组、字典、集合等类型的对象
```

正向位置编号	序列元素值	反向位置编号
a[0]	520	a[−10]
a[1]	1314	a[−9]
a[2]	53719	a[−8]
a[3]	360	a[−7]
a[4]	259695	a[−6]
a[5]	234	a[−5]
a[6]	35925	a[−4]
a[7]	246	a[−3]
a[8]	8013	a[−2]
a[9]	1392010	a[−1]

图 8-1 序列示意图

图 8-2 所示为列表索引位置图。

L[0]	L[1]	L[2]	L[3]	L[4]
'apple'	0	3.14	'peach'	[12,345]
L[-5]	L[-4]	L[-3]	L[-2]	L[-1]

图 8-2 列表索引位置图

8.1.3 列表的创建

与其他 Python 对象一样，直接使用＝将列表赋值给变量即可，如下所示。

```
list_a = [1314,246,259695,520]
```

也可以使用 list()函数将元组、range 对象、字符串、其他可迭代对象转换为列表，如下所示。

```
>>> list_b = list((2,4,6,8,0))       #将元组转换为列表
>>> list_b
[2, 4, 6, 8, 0]
>>> list_c = list(range(1,20,2))     #range(1,20,2)函数生成 1、3、5、…、19 数字序列,
                                      list()函数将这个数字序列转换为列表
>>> list_c
[1, 3, 5, 7, 9, 11, 13, 15, 17, 19]
>>> list_d =list('I Love You')       #将字符串转换为列表
>>> list_d
['I', ' ', 'L', 'o', 'v', 'e', ' ', 'Y', 'o', 'u']
```

8.1.4 列表的读取

读取列表采用列表名加元素序号(放在[]中)，注意：列表元素的序号是从 0 开始的，最

后一个元素的序号是－1。

```
>>> list_a = [1314,246,259695,520]
>>> print(list_a[-1])
520
>>> print(list_a[0])
1314
>>> print(len(list_a))
4
>>> print(list_a[5])
Traceback (most recent call last):
  File "<pyshell#3>", line 1, in <module>
    print(list_a[5])
IndexError: list index out of range
#序号超出索引范围,产生异常
>>> print(list_a[-5])
#同样这条语句也会产生异常
```

切片读取。切片读取的方法是列表名加列表的读取范围(列表序列对),范围包括序列对的开始位置,但不包括序列对的结束位置。若从序列的开始处读取,开始位置可省略,默认为0;结束位置若到序列尾部,也可省略,默认为列表长度。

```
>>> print(list_a[1:3])
[246, 259695]
>>> print(list_a[1:-1])
[246, 259695]
>>> print(list_a[:2])
[1314, 246]
>>> print(list_a[1:])
[246, 259695, 520]
>>> print(list_a[:])
[1314, 246, 259695, 520]
```

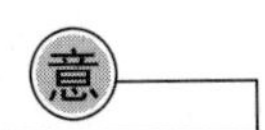

列表切片读取且切片右侧是具体数字时,切片是不包括右侧元素的,如list_a[:2]不包括下标为2的元素。

8.1.5 列表元素的增加与删除

1. 增加列表元素

(1) 使用"+"运算符。使用"+"运算符,可以将一个新列表元素附加在列表的尾部。

```
>>> print(list_a)
[1314, 246, 259695, 520]
>>> list_a=list_a+[25184,241]
>>> list_a
[1314, 246, 259695, 520, 25184, 241]
```

（2）使用 append()方法。使用列表的 append()方法在列表的尾部添加一个新元素。

```
>>> list_a.append(0)
>>> list_a
[1314, 246, 259695, 520, 25184, 241, 0]
```

（3）使用 insert()方法。使用 insert()方法将元素插入列表的指定位置。

```
>>> list_a.insert(2,-1)
>>> list_a
[1314, 246, -1, 259695, 520, 25184, 241, 0]
```

这里 insert()方法的第一个参数是插入的位置,第二个参数是待插入的元素。

在以上这些增加元素的运算中,“+”运算符与 insert()方法运算效率较低,append()方法运算效率较高。在进行“+”运算时,生成了新的列表,进行 insert()运算时,插入位置之后的元素要移动位置,这会影响处理的速度。append()方法是在原位置扩展列表,运算效率较高。

2. 删除列表元素

（1）使用 del 语句删除列表或列表元素。del 语句后跟随列表名加下标。

```
>>> list_a=[1314, 246, 259695, 520, 25184, 241]
>>> del list_a[3]                #删除列表中的一个元素
>>> list_a
[1314, 246, 259695, 25184, 241]
>>> del list_a[1:3]              #删除列表中的一个切片
>>> list_a
[1314, 25184, 241]
>>> del list_a                   #删除整个列表
>>> list_a                       #该列表删除后,再访问它会出错
Traceback (most recent call last):
  File "<pyshell#31>", line 1, in <module>
    list_a
NameError: name 'list_a' is not defined
```

（2）使用 remove()方法。传递的参数为列表中元素的值。

```
>>> list_a=[1314, 246, 259695, 520, 25184, 241]
>>> list_a.remove(246)
>>> list_a
[1314, 259695, 520, 25184, 241]
```

8.1.6 列表的其他常用方法

1. index ()方法

index()方法返回列表元素在列表中的准确位置。

```
>>> list_a
[1314, 520, 25184, 520]
```

```
>>> list_a.index(520)
1
>>> list_a.index(259695)          #若该元素未在列表中,则出现异常
Traceback (most recent call last):
  File "<pyshell#62>", line 1, in <module>
    list_a.index(259695)
ValueError: 259695 is not in list
```

2. count()方法

count()方法返回某元素在列表中出现的次数。

```
>>> list_a.count(520)
2
>>> list_a.count(259695)
0
```

3. in 运算

示例如下。

```
>>> list_a
[1314, 520, 25184, 520]
>>> 520 in list_a
True
>>> [520] in list_a
False
```

4. sort()方法

sort()方法实现对列表的排序,默认为升序。若要降序排列,则需要添加参数 reverse=True。

```
>>> list_a
[1314, 520, 25184, 520]
>>> list_a.sort()
>>> list_a
[520, 520, 1314, 25184]
>>> list_a.sort(reverse=True)
>>> list_a
[25184, 1314, 520, 520]
```

当然,也可以使用 Python 内置函数 sorted()进行排序。

```
>>> sorted(list_a)
[520, 520, 1314, 25184]
```

5. len()函数

len()函数为 Python 内置函数,返回列表的元素个数。

```
>>> len(list_a)
4
```

6. max()函数

max()函数为 Python 内置函数，返回数值型列表中的最大值。

```
>>> max(list_a)
25184
```

7. min()函数

min()函数为 Python 内置函数，返回数值型列表中的最小值。

```
>>> min(list_a)
520
```

8. sum()函数

sum()函数为 Python 内置函数，返回数值型列表中元素的和，对非数值型列表运算则会出错。

教学视频

8.2 元组

8.2.1 元组的定义与访问

元组与列表类似，定义元组时，把所有元素都放在一对圆括号内，即()，与列表的最大不同就是元组的元素是不可变的。因此，元组一旦创建，不能对其进行修改，也不能添加或删除其元素，只能创建一个新的元组。

1. 元组的创建

使用“=”把一个元组赋值给变量，即可创建一个元组。

```
>>> tuple_a= (1,3,5,7,9)
>>> tuple_a
(1, 3, 5, 7, 9)
>>> tuple_b = ('apple','banana','orange','peach')
>>> tuple_b
('apple', 'banana', 'orange', 'peach')
```

使用 tuple()函数可以将其他类型序列转换为元组。

```
>>> list_a
[25184, 1314, 520, 520]
>>> tuple(list_a)
(25184, 1314, 520, 520)
>>> print(tuple('abcdefg'))
('a', 'b', 'c', 'd', 'e', 'f', 'g')
```

元组在访问、切片、运算上与列表有许多相似之处，可参考列表的使用方法，这里不再赘述。

2. for 循环访问序列元素

下面以列表为例，通过 for 循环访问序列中的每个元素。

【例 8-1】 for 循环访问序列元素。

```
1   #coding:utf-8
2   sum = 0
3   list_a = [1, 6, 34, 26, 56, 2, 9, 86, 23]
4   for i in list_a:                                  #用 in 运算符对序列进行遍历
5       print(i, end=",")
6       sum = sum+i
7   print("sum=", sum)
8   sum = 0
9   for j in range(len(list_a)):                      #通过下标访问列表
10      print(list_a[j], end=",")
11      sum += list_a[j]
12  print(f"sum={sum}")
13  sum = 0
14  for k in range(-1, -len(list_a)-1, -1):           #逆向访问列表
15      print(list_a[k], end=",")
16      sum += list_a[k]
17  print(f"sum={sum}")
```

本例代码是以列表为例，通过 for 循环进行访问的。该方法也适用于元组，只需要将访问的对象改为元组，通过 for 循环便可进行访问。

3. 元组与列表的区别

元组与列表有许多相似之处，但它们之间也存在以下差别。

(1) 列表是可变的序列，而元组是不可变的。因此，列表可以用 append()和 insert()方法来添加元素，用 remove()方法删除列表中的元素。而元组则没有这些方法，只能用 del 命令删除整个元组。可以这样认为：使用元组是把这些数据冻结起来了，使用列表则是把这些数据解冻了，因此，使用元组会更安全。

(2) 元组的访问速度更快。对一个序列进行运算时，如果只对它们进行遍历或其他运算，而不需要对它们进行修改，则使用元组会更快捷。

(3) 一些元组可以作为字典的键，而列表不可以。这是因为列表是可变的，而元组是不可变的。

8.2.2　实训：根据身份证号查询相关信息

在第 4.8 节中设计了一个函数对身份证号码进行校验，检查身份证号是否正确，其实身份证号中隐藏着很多信息，身份证号的前六位是该居民户籍所在地，第 1～2 位数字为省(市/区)的代码，第 3～4 位数字为市级代码，第 5～6 位数字为区(县)级代码，第 7～10 位数字为该居民出生年份，第 11～12 位数字为该居民出生月份，第 13～14 位数字为该居民出生日，身份证第 15～17 位数字为同一行政区划内同年同月同日生的居民的顺序号，第 18 个字符为身份证号的校验位，校验方法见 4.8 节，如果该居民为男性，则第 17 位为奇数，如果该居民为女性，则第 17 位为偶数。

在 idcard.txt 文件中有我国的行政区划与身份证前 6 位的对照表，6 位数字在前，行政区划在后。打开该文件，一行一行地对比身份证前 6 位，若匹配，则该行后面的文字即为

6 位数字对应的省市县信息。

【例 8-2】 根据身份证号查询相关信息。

```
1   #encoding:utf-8
2   from ch4_idcheck import idcheck        #从 ch4_idcheck.py 文件导入 idcheck()函数
3   idcardinfo = ""                        #将查询到的信息添加到此字符串
4   prompt = "请输入你的身份证号码"
5   print("===实训：根据身份证号查询相关信息===")
6   while True:
7       idcardstr = input(prompt)
8       if idcardstr.strip() == "":
9           break
10      if  not idcheck(idcardstr):
11          prompt = "身份证信息不正确,请重新输入你的身份证号码"
12          continue
13      with open("idcard.txt","r") as f:
14          for line in f.readlines():
15              if line[:6]==idcardstr[:6]:
16                  idcardinfo ="户籍所在地："+line[6:].strip()
17                  break
18      idcardinfo = idcardinfo+"\n你的出生日期是："+\
19                  idcardstr[6:10]+"年"+\
20                  idcardstr[10:12]+"月"+\
21                  idcardstr[12:14]+"日"+"\n"
22      gender = int(idcardstr[-2])
23      if gender %2 ==1:
24          idcardinfo = idcardinfo+"你的性别为：男性"
25      else:
26          idcardinfo = idcardinfo+"你的性别为：女性"
27      print(idcardinfo)
```

第 2 行：从第 4.8 节 ch4_idcheck.py 文件导入 idcheck()函数。

第 4 行：prompt 变量为 input()函数的提示信息。

第 8、9 行：若 input()函数输入内容为空字符串，则退出循环，程序结束。

第 10～12 行：若 idcheck()函数检查身份证号未通过，修改 prompt 的提示信息，执行 continue 结束本次循环，开始下一轮循环，输入新的身份证号，提取相关信息。

第 13 行：打开 idcard.txt 文件。

第 14 行：通过循环访问文件每一行。

第 15～17 行：对比文件每行的前 6 个字符与身份证前 6 位，若相等，则取文件中这行的后半部分，即为身份证前 6 位对应的省市县信息。

第 19～21 行：通过切片获取居民身份证中的年月日信息。每行后面的"\"表示下一行是本行的接续。

第 22 行：获取身份证中倒数第 2 位数字，转换为整数后，赋值给 gender。

第 23～26 行：若 gender 除 2 余 1，gender 为奇数，则该居民为男性；若 gender 除 2 的余数为 0，gender 为偶数，则该居民为女性。

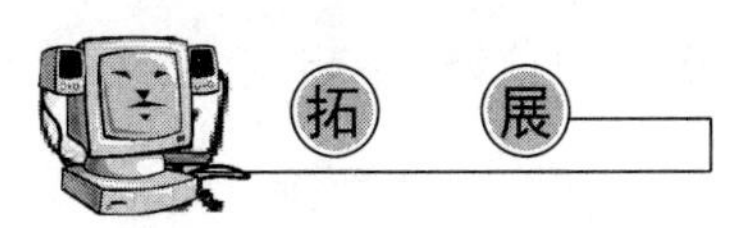

身份证信息的隐藏。居民身份证中包含着丰富的信息，在特定的场合，如购买的火车票、大数据分析结果的呈现等，不希望用户看到全部的身份证信息，这时可对身份证部分信息进行隐藏。可采用如下代码。

```
>>> idcard = "34052419800101001X"
>>> idcard.replace(idcard[6:14],"*"*6)
'340524******001X'
```

8.3　字典

教学视频

字典是“键:值”对的无序可变序列，字典中的每个元素都由两部分构成：键与值。键与值之间用冒号分开，多个“键:值”对之间用逗号分隔，所有元素放在一对大括号中。字典的键可以由任意不变数据充当，如整数、实数、复数、字符串与元组等，但不能由列表、字典与集合来充当，因为键要求不可变且不能重复，字典中的值可以重复。字典中的每个键只能对应一个值，也就是说，一键对应多值是不允许的。

8.3.1　字典的创建

使用“=”将字典赋值给变量，即可创建一个字典型变量。

```
>>> dict_a = {'name':'张三','gender':'男','age':18,'married':False}
```

也可使用 dict()函数将已有数据转变为字典。

```
>>> dict_d=dict(name='李四',gender='男',age=18)
>>> dict_d
{'age': 18, 'gender': '男', 'name': '李四'}
```

8.3.2　字典元素的访问

1. 根据键访问值

与列表、元组的访问方法相类似，列表、元组是通过下标的方法来访问它们的值，而字典的访问则是通过键来实现的。若访问的键不存在，则抛出异常。

```
>>> dict_a['name']
'张三'
>>> dict_a['address']                    #访问不存在的键,会抛出异常
Traceback (most recent call last):
  File "<pyshell#106>", line 1, in <module>
    dict_a['address']
KeyError: 'address'
```

2. 使用 get()方法访问值

从上面的例子可以看出，根据键查找值的方式不够安全，推荐使用字典的 get()方法，

get()方法可以获取指定键的值，若指定的键不存在，则返回指定的值；若不指定，则返回None。

```
>>> print(dict_a.get('address'))
None
>>> print(dict_a.get('address','该键不存在'))        #用"该键不存在"作为默认的返回值
该键不存在
```

3. 字典的遍历

使用字典的 items()方法可以获得字典的"键:值"对列表，使用 keys()方法可以获得字典的"键"列表，使用 values()方法可以获得字典的"值"列表。下面就使用这三种方法对字典进行遍历。

获取键与值列表。

```
>>> print(dict_a.keys())
dict_keys(['age', 'gender', 'name', 'married'])
>>> print(dict_a.values())
dict_values([18, '男', '张三', False])
```

方法一：

```
>>> for item in dict_a.items():
    print(item)
('age', 18)
('gender', '男')
('name', '张三')
('married', False)
```

方法二：

```
>>> for key in dict_a.keys():
    print(key,":",dict_a[key])
age: 18
gender: 男
name: 张三
married: False
```

方法三：

```
>>> for key,value in dict_a.items():
    print(key,':',value)
age: 18
gender: 男
name: 张三
married: False
```

【例 8-3】 for 循环访问字典。

```
1  #coding:utf-8
2  dict_a = {'体育':78,'英语':86,'操作系统':93,'网络安全':63,'网络编程':74}
```

```
3 sum = 0
4 avr = 0
5 for key in dict_a.keys():
6     sum = sum+dict_a[key]
7 avr = sum / len(dict_a)
8 print("总成绩: ", sum)
9 print("平均成绩: ", avr)
```

程序执行结果。

```
总成绩: 394
平均成绩: 78.8
```

第 5 行：使用 for 循环对字典 dict_a 的“键”集合进行迭代访问。

第 6 行：dict_a[key]获取键为 key 的值，并将它加到 sum 变量中。

8.3.3 字典的操作

1. 更新字典

可以根据字典的键来修改指定键的值，也可以为字典添加新的“键:值”对，如下所示。

```
>>> dict_a['name']='王五'        #修改了 name 键对应的值
>>> dict_a
{'age': 18, 'gender': '男', 'name': '王五', 'married': False}
```

2. 添加元素

```
>>> dict_a['address']='大连市'     #添加了'address': '大连市'键值对
>>> dict_a
{'address': '大连市', 'age': 18, 'gender': '男', 'name': '王五', 'married': False}
```

3. 删除操作

(1) 删除字典元素。使用 del 命令删除字典的元素。

```
>>> del dict_a['address']        #删除'address': '大连市'键值对
>>> dict_a
{'age': 18, 'gender': '男', 'name': '王五', 'married': False}
```

使用 Python 字典中的 popitem() 方法返回并删除字典中的最后一个键值对。如果字典已经为空，却调用了此方法，就会抛出异常。在工作时如果遇到需要逐一删除项的工作，用 popitem()方法效率很高。

```
>>> dict_b = {'a': 3, 'y': 2, 'x': 1, 'z': 3}
>>> dict_b.popitem()
('z', 3)
>>> dict_b.popitem()
('x', 1)
```

可以使用字典的 clear()方法清除字典的所有元素。

```
>>> dict_a.clear()      #清除后，字典还在，但已经没有键值对了
```

```
>>> dict_a
{}
```

（2）删除字典。可以使用 del 命令删除字典，也就是删除了字典这个对象。

```
>>> del dict_a
```

教学视频

8.4 集合

集合是基本的数学概念，是具有某种特性的事物的整体，或是一些确认对象的汇集。构成集合的事物或对象称作元素或成员。Python 中的集合是具有排他性的无序的元素的集合，使用大括号作为分界符，元素之间用逗号分开。集合分为可变集合和不可变集合。

8.4.1 集合的创建

与列表、元组、字典等类似，通过“＝”直接把集合赋值给变量，从而创建一个集合型变量。

```
>>> set_a = {1,3,5,7,9,11}
>>> set_a
{1, 3, 5, 7, 9, 11}
>>> type(set_a)
<class 'set'>
```

也可以使用 set()方法创建，如下所示。

```
>>> set_b=set([2,4,6,8,10])
>>> set_b
{8, 2, 10, 4, 6}
>>> set_c=set((-1,2,34,56,87,0,-12))
>>> set_c
{0, 2, 34, -12, 87, 56, -1}
>>> set_d = set(range(1,13,2))
>>> set_d
{1, 3, 5, 7, 9, 11}
>>> set_e=set('Hello')
>>> set_e
{'H', 'l', 'o', 'e'}
```

基于 for 的迭代访问集合。集合是一个无序对象的集合，对于集合的访问可以采用 for 迭代的方式进行。

【例 8-4】 基于 for 的迭代访问集合。

```
1  #coding:utf-8
2  set_a = {1,3,34,31,67,98,-12,0,65}
3  sum = 0
4  for i in set_a:
5      sum = sum+i
6  print("sum=",sum)
```

第 4 行：通过 for 循环对集合 set_a 进行迭代访问。

8.4.2　集合的更新

用集合内建的方法和操作符可以添加或删除集合的成员。

```
>>> set_a.add(13)              #给集合添加一个元素
>>> set_a
{1, 3, 5, 7, 9, 11, 13}
>>> set_e.update('world')      #对集合进行更新
>>> set_e
{'H', 'o', 'l', 'e', 'w', 'r', 'd'}
>>> set_a.remove(9)            #删除一个元素
>>> set_a
{1, 3, 5, 7, 11, 13}
>>> set_a.pop()                #弹出一个集合的元素
1
>>> set_a
{3, 5, 7, 11, 13}
>>> set_a.pop()
3
>>> set_a
{5,7, 11, 13}
>>> set_a.pop(11)              #pop()不接受参数,传递参数则出错
Traceback (most recent call last):
  File "<pyshell#50>", line 1, in <module>
    set_a.pop(11)
TypeError: pop() takes no arguments (1 given)
>>> set_a.discard(5)           #从集合中删除对象 5,仅适用于可变集合
>>> set_a
{11, 13, 7}
>>> set_e.clear()              #清空集合中的元素
del set_e                      #删除整个集合
```

8.4.3　集合的运算

Python 中集合的运算与数学意义上的运算相一致，主要有以下运算。

1. 判断是否为集合的成员

```
>>> set_a
{7, 11, 13}
>>> 1 in set_a
False
>>> 3 not in set_a
True
```

2. 集合的等价与不等价

```
>>> set_a
```

```
{7, 11, 13}
>>> set_d
{1, 3, 5, 7, 9, 11}
>>> set_a==set_d
False
>>> set_a!=set_d
True
```

3. 子集或超集

集合中用“<”“<=”运算符或 issubset()方法来判断是否子集，用“>”“>=”运算符或 issuperset()方法来判断是否超集。

```
>>> set('Hello')<set('Hello world')
True
>>> set('Hello world')>=set('Hello')
True
>>> set('Hello').issubset(set('Hello world'))
True
>>> set('Hello world').issuperset(set('Hello'))
True
```

4. 并运算(|或 union())

```
>>> set_a
{7, 11, 13}
>>> set_d
{1, 3, 5, 7, 9, 11}
>>> set_a | set_d
{1, 3, 5, 7, 9, 11, 13}
>>> set_a.union(set_d)          #union()为集合的内置方法,求集合的并集
{1, 3, 5, 7, 9, 11, 13}
```

5. 交运算(&或 intersection())

```
>>> set_a & set_d
{11, 7}
>>> set_a.intersection(set_d)   #intersection()为集合的内置方法,求集合的交集
{11, 7}
```

6. 差集(-或 difference())

```
>>> set_d-set_a
{1, 9, 3, 5}
>>> set_d.difference(set_a)     #difference()为集合的内置方法,求集合的差集
{1, 9, 3, 5}
```

7. 对称差(^或 symmentric_difference())

```
>>> set_a ^ set_d
{1, 3, 5, 9, 13}
```

```
>>> set_a.symmetric_difference(set_d)
#symmetric_difference()为集合的内置方法,求集合的对称差
{1, 3, 5, 9, 13}
```

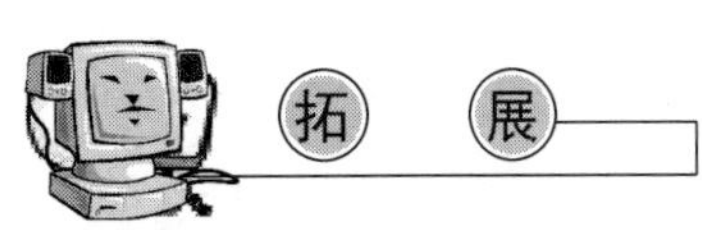

利用集合简便提取序列中不重复元素。利用集合的元素不重复的特性,可以非常简单地提取出序列中不重复的元素。

```
>>> list_a= [1,2,3,4,2,4,6,7,9]            # 列表中有重复的元素
>>> set_norepeat = set(list_a)             #将有重复值的列表转变为集合,去除重复值
>>> set_norepeat
{1, 2, 3, 4, 6, 7, 9}
```

本章小结

本章介绍了组合数据类型。序列是编程语言中常见的概念,可以通过下标访问它,正向下标从0开始,反向下标从－1开始;列表是Python内置的可变序列,其元素放在一对方括号内,本章介绍了列表的创建、访问、删除方法;元组是一组不可变的序列,与列表的创建、访问方法相似;字典是通过"键:值"对方式表示数据的,本章介绍了字典的访问和字典的操作;集合是无序排他的,本章介绍了集合的多种运算方法。

思考与练习

一、选择题

1. Python的列表与元组的区别中,下列说法错误的是(　　)。
   A. 元组的速度比列表快
   B. 元组用( )表示,列表用[ ]表示
   C. 元组的元素可以更改,列表的元素不可以更改
   D. 元组可以作为字典的键,而列表不可以
2. Python中列表用(　　)符号表示。
   A. ( )　　B. [ ]　　C. { }　　D. ""
3. Python的列表添加元素时,下列方法错误的是(　　)。
   A. append()　　B. extend()　　C. insert()　　D. pop()
4. Python的列表删除元素时,下列方法错误的是(　　)。
   A. cmp()　　B. del　　C. remove()　　D. pop()

二、判断题

1. Python序列最左边元素的下标为1。　(　　)
2. Python序列最右边元素的下标为-1。　(　　)
3. Python序列下标可以用正向位置编号,也可以用反向位置编号。　(　　)

4. 字典中的键值是可以更改的。（　　）

5. 集合中的元素是可以重复的。（　　）

三、简答题

1. 简述 Python 列表添加和删除元素的方法。

2. 简述 Python 中遍历字典的方法。

3. 简述两个集合之间的运算关系。

第9章

常用库的使用

1. 掌握 pip 工具的使用方法。
2. 了解 Pyinstaller 库的使用方法。

9.1 pip 工具的使用

拥有丰富的第三方软件包是 Python 最大的特点，但怎样管理这些软件包是一个问题，于是 PyPI 网站和 pip 工具被开发出来用于管理 Python 的软件包，PyPI 网站的地址是 https://pypi.org/，如图 9-1 所示。该网站用于管理 Python 的软件包，用户可以在这里查询、浏览、学习、下载感兴趣的库。

对于普通的 Python 用户来说 pip 是最有用的工具，可以使用它在本地机上安装、卸载、查询软件包。下面介绍它的基本使用方法。

教学视频

从 Python 2.7.9 和 Python 3.4 以后，Python 就拥有了 pip 工具，若使用这两个版本以后的 Python 版本，就可以直接使用 pip 工具了。

使用方法：使用快捷键 Win+R，调出运行窗口，输入 cmd，出现 cmd 窗口，在 cmd 窗口中输入 pip 命令就可以了。

(1) pip 的自我更新。

```
pip install -U pip
```

或

```
python -m pip install --upgrade pip
```

(2) 安装 PyPI 软件包。

```
pip install SomePackage                    #安装最新版本
```

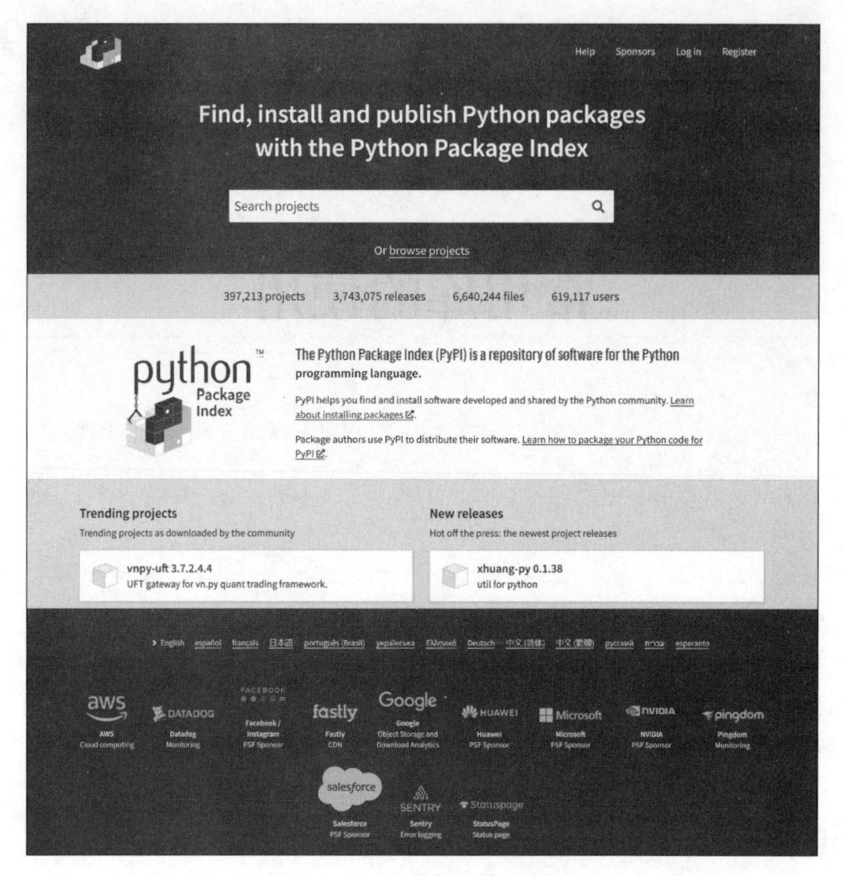

图 9-1 PyPI 软件包管理网站

```
pip install SomePackage==1.0.4              #指定安装特定版本
pip install 'SomePackage>=1.0.4'            #指定安装最低版本
```

例如，安装 Pygame 软件包。

```
C:\Users\Administrator>pip install pygame
```

(3) 卸载安装包。

```
pip uninstall SomePackage
C:\Users\Administrator>pip uninstall pygame
```

(4) 查看、列出已安装的软件包。

```
pip list
```

(5) 查找需要更新的软件包。

```
pip list --outdated
```

(6) 更新软件包。

```
pip install --upgrade SomePackage
```

(7) 查看软件包的详细信息,如查看 virtualenv 包的详细信息。

```
C:\Users\Administrator>pip show virtualenv
```

(8) 批量安装/卸载第三方库。开发者在开发环境下编写了 Python 软件,需要把软件发布给用户,在用户端也要安装软件的依赖包,这种情况下效率最高的是批量安装第三方库。

在开发环境下,需要将安装过的第三方库导出到文本文档中。

```
pip freeze > installedpgs.txt
```

这时 installedpgs.txt 文件中是开发环境中已经安装的第三方库及其版本,如下所示。

```
openpyxl==2.5.3
Pillow==5.1.0
python-docx==0.8.7
requests==2.18.4
```

在客户端批量安装的命令如下。

```
pip install -r installedpgs.txt
```

批量卸载第三方库的方法如下。

```
pip uninstall -r installedpgs.txt
```

(9) whl 包的安装。使用 Python 第三方库的过程中,经常会遇到这样的情况:PyPI 网站只提供了源代码的安装包,或者只提供了针对较老版本 Python 的安装包。为解决这个问题可以打开一个页面,这个页面中包含了大量的 Windows 下的第三方库的安装包,网页的地址是 http://www.lfd.uci.edu/~gohlke/pythonlibs/。

安装包一般都是 WHL 文件,下载时一定要注意安装包针对的 Python 版本,以及适用版本(32 位或者是 64 位)。在"我的电脑"中打开 WHL 文件所在文件夹,按下 Shift 键,右击窗口空白处,选择弹出菜单中"在此处打开命令窗口"的选项,在打开的命令行窗口中执行类似以下命令:

```
pip install pygame- 1.9.6- cp37- cp37m- win_amd64.whl
```

这样就可以安装 whl 软件包了。

(10) 使用国内安装源。对于 Python 开发用户来讲,安装 pip 软件包是家常便饭。但国外的安装源下载速度实在太慢,浪费时间,而且经常出现下载后安装出错问题。所以把 pip 安装源替换成国内镜像,这样可以大幅提升下载速度,还可以提高安装成功率。

国内安装源包括以下几种。

清华大学:https://pypi.tuna.tsinghua.edu.cn/simple。

阿里云:http://mirrors.aliyun.com/pypi/simple/。

中国科技大学 https://pypi.mirrors.ustc.edu.cn/simple/。

华中理工大学:http://pypi.hustunique.com/。

山东理工大学:http://pypi.sdutlinux.org/。

豆瓣:http://pypi.douban.com/simple/。

可以在使用 pip 的时候加参数-i https://pypi.tuna.tsinghua.edu.cn/simple，如 pip install -i https://pypi.tuna.tsinghua.edu.cn/simple pyspider，这样就会从清华大学的镜像去安装 Pyspider 库。

在 Windows 下，可以直接在 User 目录中创建一个 pip 目录，如 C:\Users\xx\pip，新建 pip.ini 文件。

内容如下。

```
[global]
index-url = https://pypi.tuna.tsinghua.edu.cn/simple
[install]
trusted-host=mirrors.aliyun.com
```

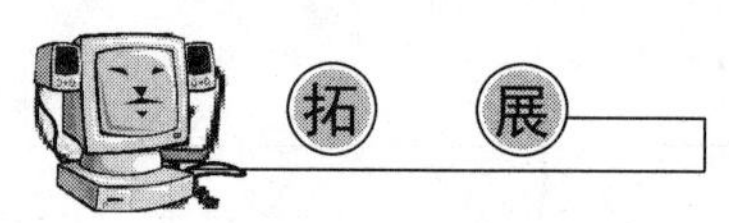

命令的补全。在输入 Python 命令时，有时命令或文件名特别长，要快速准确地输入命令，可以先输入一部分命令，再按 Tab 键，操作系统就能够快速地补全命令。例如，安装 Pygame 文件包的方法可以是这样。

先输入 pip install pygame。再按 Tab 键，系统就会补全文件名，最后按 Enter 键执行该命令。这样既准确又快捷。

教学视频

9.2 Pyinstaller 库的使用

作为 Python 程序的开发者，在使用 Python 的过程中是否会遇到以下困惑呢？Python 原代码是扩展名为.PY 的脚本文件，PY 文件是明码不加密的，如果不想让用户看到原代码，该如何做好保密工作呢？Python 程序开发完成后，而运行 Python 程序的目标计算机没有安装 Python 环境或者 Python 的版本不匹配，这时如何便捷地解决问题呢？Python 程序用到了许多第三方库，目标计算机并没有安装这些第三方库，这时怎么解决呢？解决这些问题可以使用转换工具，转换工具的功能就是针对以上三个问题的，将.PY 文件转换为可执行文件（Windows 下为 EXE 文件），并将 Python 环境及第三方库打成目标计算机可运行的包，这样就方便许多。转换工具有 Py2exe 和 Pyinstaller，两个库都可以支持 Python 2 和 Python 3，而 Pyinstaller 对 Windows、Linux、Mac OS X、FreeBSD、Solaris and AIX 操作系统都非常支持；Pyinstaller 可以将 Python 模块转成 C 代码并将 C 代码编译成机器代码，从而实现隐藏原代码的功能；Pyinstaller 还可以将 Python 程序和它的支持包打成一个包，以便于发布和运行。下面就以 Pyinstaller 为例，讲解如何将 PY 文件转换为 EXE 文件。

Pyinstaller 的官网地址是 http://www.pyinstaller.org/，那里有 Pyinstaller 的介绍和使用教程。下面简单介绍一下 Pyinstaller 的使用方法。

（1）安装 Pyinstaller。

```
>pip install pyinstaller
```

（2）将 PY 文件转换为 EXE 文件。

```
>pyinstaller yourprogram.py
```

以这种方式将生成 dist、build、__pycache__、.idea 四个文件夹，其中 dist 文件夹下包含一个与 yourprogram 同名的文件夹，该文件夹内为生成的 EXE 文件及所需的 DLL 文件，将此文件夹发布即可。__pycache__文件夹内生成一个二进制的 PYC 文件。

(3) 将 PY 文件转换为一个 EXE 文件。

```
>pyinstaller -F test.py
```

-F 参数指定将会生成的单个 EXE 文件，该程序不再需要动态链接库，该 EXE 文件同样在 dist 文件夹下。

(4) 加密 EXE 文件的字节码。Python 源程序转换成 EXE 文件后，是被编译成字节码了，但使用工具可以把字节码反编译为 PY 源代码。为防止这样的事情发生，可以对字节码进行加密。在命令行中使用参数--key=加密字符串，可以加密字节码。这样做的先决条件是必须先安装 PyCrypto 模块，如下所示。

```
>pyinstaller -F --key=password test.py
```

(5) 不打开命令行窗口。程序运行时通常会产生一个输入输出的窗体，使用-w 参数，运行程序时不会显示命令行窗口，如下所示。

```
>pyinstaller -Fw win_test.py
```

Pyinstaller 运行时，有许多命令行参数，详细的参数及含义如表 9-1 所示。

表 9-1　Pyinstaller 常用参数

参　　数	含　　义
-h, --help	显示帮助信息并退出
-v, --version	显示版本信息并退出
-F, --onefile	生成一个用于部署的程序
-D, --onedir	生成一个用于部署的目录
--specpath DIR	指定存储生成文件的文件夹(默认为当前文件夹)
-K, --tk	部署时包括 TCL/tk
-n NAME, --name NAME	指定生成的应用程序与文件的名称(默认为第一个脚本的名称)
-w, --windowed, --noconsole	Windows 和 Mac OS X 系统下，不提供用于输入/输出的控制台窗口，这个选项在类 UNIX 系统下将被忽略
--add-data	添加数据文件到生成的应用程序，如 pyinstaller --add-data 'src/README.txt:.' myscript.py
--icon=<FILE.ICO>	将 file.ico 添加为可执行文件的资源(只适用于 Windows)如>pyinstaller -Fw --icon=SUN.ICO win_test.py

9.3　常用第三方库简介

Python 语言是一种开放的语言，拥有大量的第三方库是其重要的特点之一，用户可以使用这些功能各异的第三方库，也可以开发第三方库，贡献到 Python 软件基金会，实现推广、保护并提升 Python 编程语言的目的。下面介绍一些常用的第三方库。

9.3.1 视窗程序开发库

视窗应用程序是一种非常常见的程序类型,为了设计视窗应用程序,需要一种图形化用户界面开发工具包,Python 目前主要有以下几种视窗开发工具包。

1. Tkinter

Tkinter 是 Python 自带的一种跨平台的视窗开发工具箱,Python 的 IDLE 就是用 Tkinter 开发出来的,跨平台性是它最显著的特点,在一些小型的应用软件开发上,Tkinter 是非常有用的,但由于该软件包功能较弱,因此,Tkinter 一般不用于较复杂界面应用程序的设计。

2. PyGObject

GTK 是开源的视窗工具库,它是用 C 语言编写的,但使用了面向对象的思想,GTK 可以运行于多个平台之上。Python 对 GTK 库进行了封装,比较老的封装包 PyGTK 只支持 Python 2;较新的封装包为 PyGObject,它支持 Python 2.7+和 Python 3.5+,其官网为 https://pygobject.readthedocs.io/en/latest/,并针对 Windows 开发者在 SourceForge 上发布了开发包,网址为 https://sourceforge.net/projects/pygobjectwin32/。

3. wxPython

wxPython 是近几年来比较流行的视窗开发工具箱,wxPython 是 Python 语言对流行的 wxWidgets 跨平台视窗工具库的封装,而 wxWidgets 是用 C++ 语言写成的,使用的是本系统小部件,因此从外观上看更自然一些。wxPython 支持 L-GPL 协议,只要不修改源代码,仅仅是调用,是不需要公开源代码的。wxPython 提供了面向对象的编程方式,它提供了大量的组件、方法、事件进行界面的设计,设计的框架类似于 Windows 下的 MFC,其官网地址是 http://wxpython.org/,目前 wxPython 已经支持 Python 3.x,安装方法为 pip install wxPython。wxPython 有图形化开发工具 wxFormBuilder,极大地方便了开发者开发 GUI 应用程序,其下载地址为 https://github.com/wxFormBuilder/wxFormBuilder。

4. PyQt

PyQt 是功能最为强大的 Python 视窗应用程序开发工具包,它是对跨平台的图形化用户接口程序库 Qt 的封装,融合了 Python 语言和 Qt 库的优点,能够快速地设计出本地风格的跨平台应用程序。PyQt 的官网地址是:https://riverbankcomputing.com/,PyQt 为 Python 用户调用 Qt 库提供了便捷的途径,PyQt5Designer 是可视化界面设计程序,为用户设计程序界面提供了简易的工具。

9.3.2 Web 程序开发库

Web 应用程序是当前非常重要的一种应用程序开发方式。在 Web 应用中,客户端的浏览器向服务器发出请求,服务器向客户端发出响应,也就是请求应答模式。在这个过程中,服务器需要解析客户的请求,把响应的内容传输给客户端,这个工作是非常复杂烦琐的,程序员自己实现该功能将是一件吃力不讨好的事情,好在现在 Web 编程领域出现了大量的 Web 框架,帮助程序员进行 Web 程序设计,使他们将精力集中于业务逻辑的研究。现在市面上 Python 的 Web 框架有十多个,下面介绍较为流行的几个。

1. Django

Django 应该是 Python 下最出名的 Web 开发框架。Django 奉行大而全的发展策略,最出名的是其全自动化的管理后台:只需要使用 ORM(对象关系映射),做简单的对象定义,它就能自动生成数据库结构,以及全功能的管理后台。有人形象地称之为大而全的"海军"。安装命令为 pip install django。

2. Flask

Flask 是一个用 Python 编写的轻量级 Web 应用框架,它是基于 Werkzeug WSGI 工具箱和 Jinja2 模板引擎进行高层研发的。Flask 也被称为 Microframework,因为它使用简单的核心,用 Extension 增加其他功能。Flask 没有默认使用的数据库、窗体验证工具,而是由程序员自己决定怎样进行 Web 开发,灵活性是 Flask 的显著特点。Flask 的官网地址是 http://flask.pocoo.org/,与 Django 相比,有人称它为灵活强悍的"海盗"。安装命令为 pip install flask。

3. Tornado

Tornado 是 Torado WebServer 的简称,是异步非阻塞 I/O 的 Python Web 框架,从名字上看就知道它可以用作 Web 服务器,同时它也是一个 Python Web 的开发框架。最初是在 FriendFeed 公司的网站上使用它,FaceBook 收购了之后便开源出来了。其最大的优势在于使用了异步非阻塞的 I/O 技术,能够作为大流量网站的开发框架。

4. Web2py

Web2py 是全栈式 Web 框架,也是一个全功能的基于 Python 的 Web 应用框架,旨在敏捷快速地开发 Web 应用,具有快速、安全以及可移植的数据库驱动的应用,兼容 Google App Engine。

9.3.3 数据分析及可视化库

大数据是当今最炙手可热的技术之一,它也是提升公安战斗力的重要手段。数据分析与可视化是数据处理中重要的第三方库,下面进行简单介绍。

1. NumPy

NumPy 是 Python 的一个开源的数值计算的第三方库,它将类型相同的数据定义为多维数组,用于存储和处理大型矩阵,它提供了大量的高级数据编程工具,如矩阵运算、矢量处理、N 维数据变换等。详细资料可参见 http://www.numpy.org,安装 NumPy 的命令是 pip install numpy。

2. Pandas

Pandas 是基于 NumPy 的用于数据分析的第三方库,它提供了一批标准的数据模型和大量快速便捷处理数据的函数和方法,提供了高效操作大型数据集的工具。详细资料可参见 http://pandas.pydata.org,安装 Pandas 的命令是 pip install pandas。

3. SciPy

SciPy 是一个方便、易用、专用于科学和工程设计的第三方库,它在 NumPy 基础上增加了众多的数学、科学以及工程计算中常用的库函数，包括统计、优化、整合、线性代数、傅里叶变换、信号分析、图像处理、常微分方程求解等模块。详细资料可参见 http://www.scipy.org，安装 SciPy 的命令是 pip install scipy。

4. Matplotlib

数据可视化是将数据特征通过易于理解的图形展现出来的过程，常用的可视化工具有 Matplotlib、PyEchart、TVTK、Mayavi 等。

Matplotlib 提供了数据绘图功能的第三方库，广泛应用于科学计算的数据可视化，提供了 100 多种数据可视化效果。详细资料请参见 http://matplotlib.org，安装 Matplotlib 的命令是 pip install matplotlib。

5. PyEcharts

Echarts 是由百度开源的数据可视化 JavaScript 库，凭借良好的交互性和精巧的图表设计，得到了众多开发者的认可。PyEcharts 是对 Echarts 的 Python 封装，它提供了 30 多种常见图表，支持 Jupyter Notebook 和 JupyterLab，可轻松集成至 Flask、Django 等主流 Web 框架，以及 400 多个地图文件以及原生的百度地图。详细资料可参见 https://pyecharts.org/，安装 PyEcharts 的命令是 pip install pyecharts。

9.3.4 机器学习库

人工智能近年来得到迅猛发展，机器学习是人工智能的一个重要分支，Python 语言是人工智能的重要基础语言。其中重要的机器学习框架有 Scikit-learn、Tensorflow、Pytorch、Theano 等。

1. Scikit-learn

Scikit-learn 是针对 Python 编程语言的免费软件机器学习库。它具有各种分类、回归和聚类算法，包括支持向量机、随机森林、梯度提升、k 均值和 DBSCAN。详细资料可参见 http://scikit-learn.org/，安装 Scikit-learn 的命令是 pip install scikit-learn。

2. TensorFlow

TensorFlow 是一个基于数据流编程(Dataflow Programming)的符号数学系统，被广泛应用于各类机器学习(Machine Learning)算法的编程实现，其前身是谷歌的神经网络算法库 DistBelief。

TensorFlow 拥有多层级结构，可部署于各类服务器、PC 终端和网页，并支持 GPU 和 TPU 高性能数值计算，被广泛应用于谷歌内部的产品开发和各领域的科学研究。详细资料可参见 http://www.tensorflow.org/，安装 TensorFlow 的命令是 pip install tensorflow。

3. PyTorch

PyTorch 是 Torch 的 Python 版本，是由 Facebook 开源的神经网络框架，专门针对 GPU 加速的深度神经网络(DNN)编程。Torch 是一个经典的对多维矩阵数据进行操作的张量(Tensor)库，在机器学习和其他数学密集型应用中有广泛应用。与 TensorFlow 的静态计算图不同，PyTorch 的计算图是动态的，可以根据计算需要实时改变计算图。详细资料可参见 https://pytorch.org/，安装 PyTorch 的命令是 pip installpy torch。

9.3.5 文档处理库

文档是指日常工作中记录数据的文件，主要有 Word 文档、Excel 文档、PDF 文档等，处理这些文档的第三方库有 PDFMiner、PyPDF2、Python-docx、Docxtpl 、Openpyxl 等。

1. PDFMiner

PDFMiner 是一个从 PDF 文档中提取信息的工具。与其他 PDF 相关的工具不同，它只用于获取和分析文本数据。PDFMiner 能获取页面中文本的准确位置，以及字体或行等其他信息。它有一个 PDF 转换器，可以将 PDF 文件转换成其他文本格式（如 HTML），还有一个可扩展的 PDF 解析器，可以用于文本分析以外的其他用途。详细资料可参见 https://github.com/euske/pdfminer，安装 PDFMiner 的命令是 pip install pdfminer。

2. PyPDF2

使用 PyPDF2 可以轻松地处理 PDF 文件，它提供了读、写、分割、合并、文件转换等多种操作。官方网址为 http://mstamy2.github.io/PyPDF2/，安装 PyPDF2 的命令是 pip install pypdf2。

3. Python-docx

Python-docx 可以对.docx 文档进行读写操作，它将操作对象分为文档、段落、属性，可以往文档中插入标题、分页符、表格、图片等，可以修改字体、字号、颜色，还可以添加下画线等，安装命令为 pip install python-docx。

4. Docxtpl

Docxtpl 库能根据模板生成文档，在模板中插入"{{标记变量}}"标记符，将准备好的数据放入字典，然后对字典进行渲染，生成需要的文档。安装命令为 pip install docxtpl。

5. Openpyxl

Openpyxl 是读写.xslx 文档的第三方库，它能处理 Excel 文档中的工作表、表单和单元格，还可以往文档中插入图表。其官方网址为 http://www.openoffice.org/，安装命令为 pip install openpyxl。

9.3.6 网络爬取库

随着网络技术的发展，Web 资源日渐丰富，爬取网络数据是获取数据的重要途径。相关的第三方库有 requests、Scrapy、Beautiful Soup 4、lxml 等。

1. requests

requests 是一个简洁好用的处理 HTTP 请求的第三方库，是抓取网页数据的利器。requests 支持国际化域名和 URL、Keep-Alive & 连接池、带持久 Cookies 的会话、多种认证方式、优雅的键/值 Cookies、自动解压与解码、文件分块上传等功能。

requests 的官方网址为 http://www.python-requests.org/en/master/，中文版网址为 http://cn.python-requests.org/zh_CN/latest/，它的安装方法为 pip install requests。

2. Scrapy

Scrapy 是 Python 开发的一个快速高层次的 Web 爬取框架，任何人都可以根据需求方便地利用框架已有的功能，经过简单扩展，实现专业的网络爬取功能。它可以用于专业的爬虫系统的构建、数据挖掘、网络监控和自动化测试等领域。Scrapy 提供 URL 队列、异步多线程访问、定时访问、数据库集成等功能，可以实现 7×24 运行，具有产品级运行能力。它的官方网址为 https://scrapy.org/，安装命令为 pip install scrapy。

3. Beautiful Soup 4

Beautiful Soup 4 用于解析和处理 HTML 和 XML。它根据 HTML 和 XML 内容建立解析树，进而解析其中的内容。它提供一种符合习惯的方法去遍历搜索和修改解析树，将专业的 Web 页面解析功能封装成函数，方便用户简单快捷地调用。中文版网址为 https://beautifulsoup.readthedocs.io/zh_CN/v4.4.0/，安装命令为 pip install beautifulsoup4。

4. lxml

lxml 是一个 HTML/XML 的解析器，主要的功能是解析和提取 HTML/XML 数据。lxml 是用 C 语言实现的，是一款高性能的 HTML/XML 解析器，可以利用 XPath 语法，快速定位特定元素以及节点信息。lxml 的官方地址为 http://lxml.de/index.html，安装命令为 pip install lxml。

9.3.7 其他第三方库

1. Pygame

Pygame 是在 SDL（Simple DirectMedia Layer）库基础上封装而来的，是为游戏开发人员提供的制作游戏和多媒体应用程序的游戏开发框架，它可以简化对音频、键盘、鼠标、图形硬件的访问。详细资料可参见 http://www.pygame.org，安装命令为 pip install pygame。

2. Panda3D

Panda3D 是由迪士尼和卡耐基-梅隆大学娱乐技术中心共同开发的一款开源跨平台的 3D 游戏开发库，它支持许多当代先进的游戏引擎的特性，如法线粘图、光泽贴图、HDR、卡通渲染和线框渲染等。Panda3D 的官方网址为 http://www.panda3d.org，安装命令为 pip install panda3d。

3. PIL

PIL 是 Python Imaging Library 的缩写，它是 PythonWare 公司提供的免费的图像处理工具包，它支持多种图像格式，并提供强大的图形与图像处理功能。PIL 提供了丰富的功能模块，如 Image、ImageDraw、ImageFont、ImageEnhance、ImageFilter 等，详细资料可参见 http://pillow.readthedocs.io，安装命令为 pip install pillow。

4. SymPy

SymPy 是一个支持符号计算的全功能计算机代数系统，它代码简洁、易于理解，支持符号计算、高精度计算、模式匹配、绘图、解方程、微积分、组合数学、离散数学、几何学、概率与统计、物理学等领域的计算和应用。详细资料可参见 http://www.sympy.org，安装命令为 pip install sympy。

5. NLTK

NLTK 是一个处理自然语言的 Python 第三方库，它支持多种语言，可以进行语料处理、文本统计、内容理解、情感分析等应用。详细资料可参见 http://www.nltk.org，安装命令为 pip install nltk。

本章小结

本章介绍了 pip 工具、Pyinstaller 模块以及常用的第三方库。pip 工具用于管理第三方库，pip install xxx 用于安装第三方库，pip list 用于查看已安装库，pip uninstall xxx 用于卸载已安装库，pip show xxx 用于查看第三方库的详细信息。Pyinstaller 用于将明码的 PY 文件转换为加密的 EXE 文件，从而保护知识产权。

第10章

图像处理

1. 掌握 PIL 的 Image 模块基本使用方法。
2. 掌握 ImageDraw 模块绘制图形的方法。
3. 掌握 ImageFont 模块绘制文本内容的方法。
4. 掌握 ImageFilter 模块中滤镜的使用方法。
5. 掌握 ImageEnhance 模块的使用方法。
6. 了解 PIL 在生成验证码图片、加水印、生成二维码中的应用。

Python 中进行图片的处理会用到 PIL 模块，PIL 是 Python Imaging Library 的缩写，它是 PythonWare 公司提供的免费的图像处理工具包，它支持多种图像格式，并提供强大的图形与图像处理功能。

PIL 具备(但不限于)以下能力。

(1) 数十种图像格式的读/写能力。常见的 JPEG、PNG、BMP、GIF、TIFF 等格式，都在 PIL 的支持之列。另外，PIL 也支持黑白、灰阶、自定义调色盘、RGB True Color、带有透明属性的 RGB True Color、CMYK 及其他数种影像模式，相当齐全。

(2) 基本的影像资料操作：裁切、平移、旋转、改变尺寸、转置、剪切与粘贴等。

(3) 强化图形：亮度、色调、对比、锐利度。

(4) 色彩处理。

(5) 滤镜(Filter)功能。PIL 提供了十多种滤镜，当然，这个数目远远不能与 Photoshop 或 GIMP 这样的专业特效处理软件相比；但 PIL 提供的这些滤镜可以用在 Python 程序中，提供批量处理的能力。

(6) PIL 可以在图像中绘制点、线、面、几何形状、填充、文字等。

因 PIL 目前只支持到 Python 2.7，暂时不支持 Python 3.x，这里介绍它的一个兼容分支 Pillow。Pillow 完全兼容 PIL，并支持 Python 2.x 和 Python 3.x。Pillow 的安装方法如下

所示。

```
>pip install Pillow
```

PIL 提供了丰富的功能模块：Image、ImageDraw、ImageFont、ImageEnhance、ImageFile 等。最常用到的模块是 Image、ImageDraw、ImageEnhance。

10.1　Image 模块

教学视频

Image 模块是 PIL 最基本的模块，其中包含最重要的 Image 类，一个 Image 类实例对应了一幅图像。同时，Image 模块还提供了很多有用的函数。

(1) 打开图片文件。

```
>>> from PIL import Image
#Python 2 下直接输入 import Image 就可以下载，而 Python 3 下须用上述方式引入
>>> img = Image.open('C:\\ flower.jpg')          #打开图片文件
>>> img.show()                                   #显示图片
>>> print(img.mode,img.size,img.format)          #打印图片信息
RGB (692, 614) JPEG
>>> img.save('D:\\img01.png','png')              #另存为另一文件格式
```

(2) 创建一个新文件。

```
>>> newImg = Image.new("RGBA",(640,480),(128,128,128,0))
>>> newImg.save("D:\\newImg.png","PNG")
>>> newImg.show()
```

RGBA 为图片的 mode，(640，480)为图片尺寸，(128，128，128)为图片颜色，颜色第四位为 Alpha 值，可填可不填。

(3) 改变图片尺寸。

```
>>> smallimg=img.resize((128,128),Image.ANTIALIAS)
>>> smallimg.save('D:\\smallimg.jpg')
```

(128，128)为更改后的尺寸，Image.ANTIALIAS 有消除锯齿的效果。

(4) 转换图片的模式。

通过 convert()函数可以将图片转换为其他图像模式，模式如表 10-1 所示。

表 10-1　色彩模式对照表

取　值	色彩模式	取　值	色彩模式
1	黑白二值图像	CMYK	CMYK 彩色图像
L	灰度图像	YCbCr	YCbCr 彩色图像
P	8 位彩色图像	I	32 位整型灰度图像
RGB	24 位彩色图像	F	32 位浮点灰度图像
RGBA	32 位彩色图像		

① 将图片转换为 RGBA 模式。

```
>>> img = Image.open("C:\\flower.jpg")
>>> rgbaimg = img.convert("RGBA")
>>> rgbaimg.show()
```

将 img 图片的 mode 转换为 RGBA 模式，R 为 Red，G 为 Green，B 为 Blue，A 为 Alpha，Alpha 值为 0 时，完全透明，为 255 时，不透明。

② 将图片转换为黑白二值模式。

```
>>> img = Image.open("C:\\flower.jpg")
>>> bwimg = img.convert("1")                #将图像转换为黑白二值模式，参数为数字 1
>>> bwimg.show()
```

③ 将图片转换为灰度模式。

```
>>> img = Image.open("C:\\flower.jpg")
>>> greyimg = img.convert("L")
>>> greyimg.show()
```

（5）分割图片通道。

```
>>> img = Image.open('D:\\flower.jpg')
>>> if img.mode != "RGBA":
    img.convert("RGBA")
>>> rimg,gimg,bimg,aimg = img.split()
>>> rimg.show()
>>> gimg.show()
>>> bimg.show()
```

将 img 代表的图片分割成 R、G、B、A 四个通道。rimg、gimg、bimg、aimg 分别代表了 R(Red)、G(Green)、B(Blue)、A(Alpha)四个通道。

（6）merge 合并通道。

```
>>> mergedimg = Image.merge("RGBA",(rimg,gimg,bimg,aimg))
>>> mergedimg.save("D:\\mergedimg.png","png")
```

使用 Image.merge("RGBA",(rimg,gimg,bimg,aimg))将通道合成为一张图片，RGBA 模式的图片通道分为 R(Red)、G(Green)、B(Blue)、A(Alpha)。rimg、gimg、bimg、aimg 分别为自定义的 R、G、B、A。

（7）粘贴图片。

```
>>> img1 = Image.open("C:\\ flower.jpg ")
>>> img2 = Image.open("D:\\logo.jpg")
>>> img1.paste(img2,(20,20))
>>> img1.show()
>>> img1.save("D:\\pastedimg.png")
```

img1.paste(img2,(20,20))，是将图片 img2 粘贴到图片 img1 上。(20,20)是粘贴的坐标位置。

(8) 复制图片。

```
>>> img3 = Image.open("C:\\ flower.jpg ")
>>> bounds = (50,50,100,100)              #定义一个区域
>>> cutimg = img3.crop(bounds)            #复制范围中的图像
>>> cutimg.save("D:\\cutimg.png")
```

bounds 为自定义的复制区域(x1,y1,x2,y2),x1 和 y1 决定了复制区域左上角的位置,x2 和 y2 决定了复制区域右下角的位置。

(9) 旋转图片。

```
>>> img4 = Image.open("D:\\cutimg.png")
>>> rotateimg = img4.rotate(45)
>>> rotateimg.show()
```

img4.rotate(45)将 img4 逆时针旋转 45 度。

(10) 获取像素。

```
>>> img = Image.open("C:\\ flower.jpg ")
>>> position = (100,100)
>>> apixel = img.getpixel(position)
>>> apixel
(237, 244, 202)
```

getpixel()函数返回指定位置的像素,如果图像是多层的,则返回一个元组。该方法较慢,若处理大图片请使用 load()函数与 getdata()函数。

(11) 设置像素。

```
>>> position = (100,100)
>>> rgbcolor = (123,234,215)
>>> img.putpixel(position,rgbcolor)
>>> apixel2 = img.getpixel(position)
>>> apixel2
(123, 234, 215)
```

(12) 两幅图像的融合。

```
flower= Image.open("./images/flowerframe.jpg")
flower.show()                                   #显示 flower 图片
img01 = Image.open( "./images/lisa.jpg")
img01 = img01.convert('RGBA')
img02 = flower.convert('RGBA')
#两个图像 size 要一致,或用 resize((w,h))调整大小
img = Image.blend(img01, img02, 0.5)
#0.5 为内插 Alpha 因子。如果 Alpha 为 0.0,则返回第一张图像的副本;如果 Alpha 为 1.0,则返
  回第二张图像的副本。Alpha 值没有限制
img.show()
```

教学视频

10.2 ImageDraw 模块

ImageDraw 模块提供了基本的图形绘制能力。通过 ImageDraw 模块提供的图形绘制函数，可以绘制直线、弧线、矩形、多边形、椭圆、扇形等。ImageDraw 实现了一个 Draw 类，所有的图形绘制功能都是在 Draw 类实例的方法中实现的。下面的代码实现了线段与圆弧的绘制。

```
>>> from PIL import ImageDraw, Image
>>> img = Image.open("D:\\flower.jpg")
>>> width, hight = img.size
>>> draw = ImageDraw.Draw(img)                  #创建了 ImagDraw 模块下 Draw 类的实例
>>> draw.line(((0,0),(width-1,hight-1)),fill=(255,0,0))
                                                #绘制从左上角到右下角的线段
>>> draw.line(((0,hight-1),(width-1,0)),fill=(255,0,0))
                                                #绘制从左下角到右上角的线段
>>> draw.arc((0,0,width-1,hight-1),0,360,fill= (255,0,0))
                                                #绘制圆弧，从 0 度到 360 度，线为红色
>>> img.show()
>>> img.save('D:\\flower02.png')
```

绘制图像之前，首先通过 ImageDraw.Draw()函数实例化 Draw 类，然后所有的图形绘制功能都是由 Draw 类实例中的方法实现的。画线函数 ImageDraw.line()需要传递两个参数，第一个参数为线段的起点与终点，第二个参数为颜色值。绘制圆弧函数 ImageDraw.arc()需要传递四个参数，分别为圆弧的左上角与右下角坐标，起始角度，结束角度，颜色值。

教学视频

10.3 ImageFont 模块

ImageFont 模块定义了 ImageFont 类，该类的实例中存储了 bitmap 字体，通过 ImageDraw 类的 text()方法绘制文本内容。

```
>>> from PIL import ImageFont, ImageDraw
>>> image = Image.open("D:\\flower02.png")
>>> draw = ImageDraw.Draw(image)
>>> stfont =ImageFont.truetype("simsun.ttc", 36)
```

打开宋体字体，该字体一定要预安装在系统上，若未安装换一种字体即可。Windows 操作系统字体安装在 C:\windows\fonts 目录下，右击文件名，在弹出的窗口中，可以看到字体文件名。Windows 下常用字体有 simkai.ttf（楷体）、simli.ttf（隶书）、simsun.ttc（宋体）、simfang.ttf（仿宋）、simhei.ttf（黑体）。

```
>>> draw.text((20,20),"美丽的花",font=stfont,fill=(255,0,0))
#于(20,20)位置，使用刚才定义的字体，红色填充，绘制"美丽的花"四个字
>>> image.show()
>>> image.save('D:\\flower_text.jpg')
```

绘制的图片效果如图 10-1 所示。

图 10-1 绘制的图片效果

10.4 ImageFilter 模块

教学视频

ImageFilter 是 PIL 的滤镜模块，当前版本支持 10 种加强滤镜，通过这些预定义的滤镜，可以方便地对图片实施一些滤镜操作，从而去掉图片中的噪点（部分的消除），这样可以降低将来处理的复杂度（如模式识别等），表 10-2 所示为 PIL 滤镜类型。

表 10-2 PIL 滤镜类型

滤镜名称	含义
ImageFilter.BLUR	模糊滤镜
ImageFilter.CONTOUR	轮廓滤镜
ImageFilter.EDGE_ENHANCE	边界加强
ImageFilter.EDGE_ENHANCE_MORE	边界加强（阈值更大）
ImageFilter.EMBOSS	浮雕滤镜
ImageFilter.FIND_EDGES	边界滤镜
ImageFilter.SMOOTH	平滑滤镜
ImageFilter.SMOOTH_MORE	平滑滤镜（阈值更大）
ImageFilter.SHARPEN	锐化滤镜

示例如下所示。

```
>>> from PIL import Image, ImageFilter
>>> image = Image.open("D:\\flower_text.jpg")
>>> imgfilted2 = image.filter(ImageFilter. CONTOUR)      #使用轮廓滤镜
>>> imgfilted2.show()
```

使用轮廓滤镜后的图片效果如图 10-2 所示。

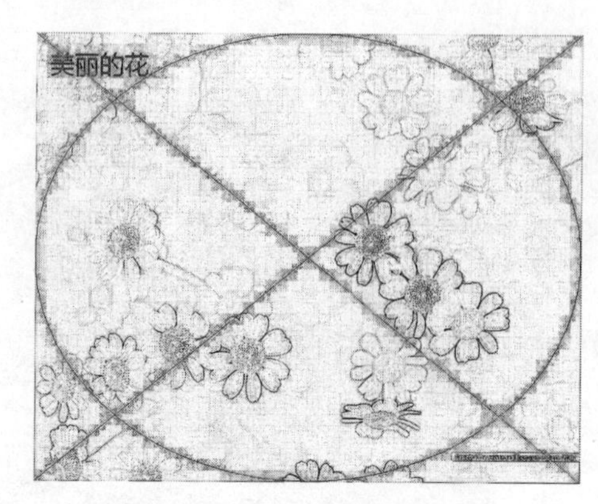

图 10-2　使用轮廓滤镜后的效果

教学视频

10.5　ImageEnhance 模块

ImageEnhance 是 PIL 中的图像增强模块，通过 from PIL import ImageEnhance 导入该模块。ImageEnhance 模块提供了专门用于图像增强的类，不仅可以增强（或减弱）图像的亮度、对比度、色度，还可以用于增强图像的锐度。ImageEnhance 模块所有的增强类都实现了一个通用的接口 enhance(factor)，该方法返回一个增强过的图像，变量 factor 是一个浮点数，控制图像的增强程度。

10.5.1　调整图像的亮度

调整图像的亮度包括增加亮度和降低亮度，增加亮度可以使曝光不足的图像清晰，降低亮度可以使曝光过度的图像显得自然。ImageEnhance.Brightness 类用于调整图像亮度。

```
from PIL import Image
from PIL import ImageEnhance
img = Image.open("./images/kakou01.png")
#打开当前目录下 images 文件夹中的 kakou01.png 文件
#img.show()
enh_bri = ImageEnhance.Brightness(img)
new_img = enh_bri.enhance(factor=3)
new_img.show()
```

factor 参数控制图像的明亮程序，范围为(0，+∞)。factor 为 0 时生成纯黑图像，为 1 时是原始图像，factor 值小于 1 为亮度减弱，大于 1 为亮度增强，值越大，图像越亮。

10.5.2　调整图像的对比度

增强图像的对比度可以使图像的颜色对比更明显。ImageEnhance.Contrast 类用于调整图像的对比度。

```
img = Image.open("./images/kakou01.png")
enh_con = ImageEnhance.Contrast(img)
```

```
new_img = enh_con.enhance(factor = 5)
new_img.show()
```

factor 参数控制图像的对比度,范围为(0,+∞)。factor 为 0 时生成全灰图像,为 1 时是原始图像,该值越大,图像颜色对比越明显。

10.5.3　调整图像的锐化程度

图像的锐化可以使图像中的线条轮廓更清晰,ImageEnhance.Sharpness 类用于调整图像的锐化程度。

```
img = Image.open("./images/kakou01.png")
enh_sha = ImageEnhance.Sharpness(img)
new_img = enh_sha.enhance(factor=5)
new_img.show()
```

factor 参数控制图像的锐化程度,范围为(0,2)。factor 为 0 时生成模糊的图像,为 1 时是原始图像,factor 为 2 时生成完全锐化的图像。

10.5.4　调整图像的饱和度

饱和度是指色彩的鲜艳程度,它取决于该色彩中含色成分和消色成分(灰色)的比例。含色成分越大,饱和度越大;消色成分越大,饱和度越小。纯的颜色都是高度饱和的,混杂上白色、灰色或其他色调的颜色变成不饱和的颜色,ImageEnhance.Color 类用于调整图像的色彩平衡。

```
img = Image.open(img_path)
enh_col = ImageEnhance.Color(img)
new_img = enh_col.enhance(factor=1.5)
```

factor 参数控制图像的色彩平衡,即色彩的鲜艳程度,范围为(0,+∞) 。factor 为 0 时生成灰度图像,为 1 时是原始图像,该值越大,图像颜色越饱和。

10.5.5　实训:卡口图像的增强处理

卡口或视频监控系统受天气、环境光线等因素的影响,经常出现图像模糊、辨识不清的情况,针对此类情况,可以调整图像的亮度、对比度、饱和度、锐化程度等属性,使图像清晰,从而辨识图像的细节。图 10-3 为某卡口拍摄的图像,因天气、环境光线等因素,图像非常模糊。使用 ImageEnhance 模块对图像进行增强处理,将亮度 factor 因子设为 8,调亮图像;将对比度 factor 因子设为 3,增强对比度;将锐化程度 factor 因子设为 5,使线条更清晰。调整后的图像如图 10-4 所示。

【例 10-1】　对卡口图像进行增强处理。

```
1  from PIL import Image
2  from PIL import ImageEnhance
3  img = Image.open("./images/kakou01.png")
4  enh_bri = ImageEnhance.Brightness(img)              #调整亮度
5  img_brt = enh_bri.enhance(factor=8)
```

```
6   enh_con = ImageEnhance.Contrast(img_brt)          #调整对比度
7   img_con= enh_con.enhance(factor = 3)
8   enh_sha = ImageEnhance.Sharpness(img_con)         #调整锐化程度
9   img_sharp = enh_sha.enhance(factor=5)
10  img_sharp.show()
11  img_sharp.save("./images/enh_kakou01.png")
```

图 10-3　原始卡口图像

图 10-4　增强处理后的卡口图像

10.6　PIL 在安全领域的应用

PIL 除了通常的图像处理外，在安全领域也是有应用的，下面就以生成验证码图片、给图片添加水印、生成二维码为例，介绍 PIL 的应用。

10.6.1　实训：生成验证码图片

教学视频

随着互联网应用及搜索引擎的不断发展，在网页中，为了防止爬虫自动提交表单，确保客户端是一个人在操作，现在很多网页中使用验证码图片增加表单提交的难度，防止搜索引擎抓取特定网页。

验证码图片生成的原理是这样的：随机选择若干个字符，并绘制到图片中，然后对图片的背景或前景进行识别难度的处理，处理措施包括：①随机绘制不同颜色的背景点；②使用随机色绘制字符；③在图片中绘制随机的线段；④对图片进行变形、模糊等处理。近段时间，也有显示花、球等实物图片让操作者识别，以增加提交的难度。下面以部分代码解释验证码的生成原理。

【例 10-2】 生成验证码。

```
1   #coding:utf-8
2   from PIL import Image, ImageDraw, ImageFont, ImageFilter
3   import random
4
5   class GenIdentCode():
6       def __init__(self,charnum):
7           self.charnum = charnum              #字符个数属性
8           self.width = 50 * charnum           #图片的宽度属性
9           self.height = 60                    #图片的高度属性
```

```
10          self.idcodestr = ""              #绘制的验证码字符串属性
11          #生成指定高和宽的白色背景的图片
12          self.image = Image.new('RGB', (self.width, self.height), (255, 255, 255))
                                             #图片属性
13          self.font = ImageFont.truetype('ALGER.TTF', 48)  #创建 font 对象属性
14          self.draw = ImageDraw.Draw(self.image)           #创建 Draw 对象属性
15
16      def GenIdCodeImage(self):
17          self.create_lines(6)              #绘制干扰线
18          self.create_points(15)            #绘制干扰点
19          self.draw_str()                   #绘制字符
20          return self.image                 #返回绘制的验证码图片
21
22      def rndChar(self):
23          '''产生随机字母:'''
24          str = "abcdefghjkmnpqrstuwxyABCDEFGHJKMNPRSTUWXY23456789@#$%&"
25          #去除易混淆的 i,l,v,o,z,0,1,2
26          return str[random.randint(0, len(str)-1)]
27
28      def rndColor(self):
29          '''生成随机颜色'''
30          return(random.randint(64, 255), random.randint(64, 255),random.
            randint(64, 255))
31
32      def create_lines(self,n_line):
33          '''绘制干扰线'''
34          for i in range(n_line):
35              begin = (random.randint(0, self.width), random.randint(0, self.
                height))
36              #起始点
37              end = (random.randint(0, self.width), random.randint(0, self.
                height))
38              #结束点
39              self.draw.line([begin, end], fill=self.rndColor())
40
41      def create_points(self,point_chance):
42          '''绘制干扰点'''
43          chance = min(100, max(0, point_chance))  #大小限制在[0, 100]
44          for w in range(self.width):
45              for h in range(self.height):
46                  tmp = random.randint(0, 100)
47                  if tmp>100-chance:
48                      self.draw.point((w, h), fill=self.rndColor())
49
50      def draw_str(self):
51          '''绘制文字'''
52          drawed_str = ''
53          for t in range(self.charnum):
```

```
54              draw_chr = self.rndChar()          #生成随机字符
55              #绘制单个字符
56              self.draw.text((50 * t+10, 5), draw_chr, font=self.font, fill=
                self.rndColor())
57              drawed_str = drawed_str+draw_chr
58          self.idcodestr = drawed_str
59
60  if __name__ == "__main__":
61      idcodeobj = GenIdentCode(6)
62      idcodeimage = idcodeobj.GenIdCodeImage()
63      idcodeimage.save('code.jpg', 'jpeg')
64      print("生成的验证码字符串为：",idcodeobj.idcodestr)
```

生成的验证码图片效果如图 10-5 所示。

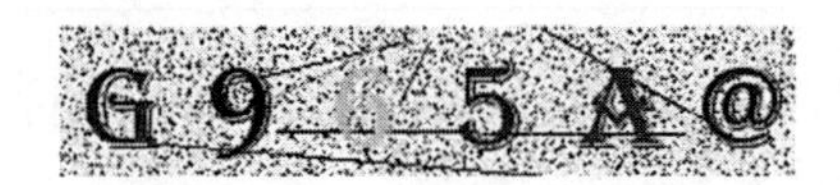

图 10-5 生成的验证码图片

教学视频

10.6.2 实训：给图片添加水印

所谓数字水印是向多媒体数据(如图像、声音、视频信号等)中添加某些数字信息以达到文件真伪鉴别、版权保护等功能。嵌入的水印信息隐藏于宿主文件中,不影响原始文件的可观性和完整性。图片水印可分为可见水印和不可见水印。而网络图片中的水印多为可见水印。图片水印多为制作者所属机构的图标或字母的缩写。下面就以两种方式展示增加水印的原理。

【例 10-3】 给图片添加水印。

```
1   from PIL import Image, ImageFont, ImageDraw, ImageEnhance
2
3   def strmark(imgpath, markstr):
4       img = Image.open(imgpath)                    #打开将加水印的图片
5       imgwidth, imgheight = img.size               #获取图片的宽和高
6       draw = ImageDraw.Draw(img)                   #创建图片的 draw 对象
7       strlen = len(markstr)                        #求水印字符串的长度
8       fontwidth = imgwidth // strlen               #求字符的宽度
9       font = ImageFont.truetype('simsun.ttc', fontwidth)      #创建 font 对象
10      strwidth = font.getsize(markstr)[0]
11      imgmark = Image.new("RGBA", (imgwidth, imgheight), (0, 0, 0, 0))
12      #创建蒙版图片,(0,0,0,0)为透明
13      draw = ImageDraw.Draw(imgmark)               #创建蒙版图片的 draw 对象
14      draw.text(((imgwidth-strwidth) / 2, (imgheight-fontwidth) / 2),
15                markstr,
16                font=font,
17                fill=(255, 255, 255, 90))          #在蒙版上绘制字符串
18      #fill(255,255,255,0)白色填充,透明度 0 表示透明,255 为不透明
19      rotate_imgmark = imgmark.rotate(45)          #对蒙版旋转 45 度
```

```
20      alpha = rotate_imgmark.split()[3]        #对旋转后的蒙版进行分割
21      img.paste(rotate_imgmark, box=None, mask=alpha)
22      #将旋转后的图片粘贴到原图片上
23      return img
24
25  def logomark(imgpath, logopath):
26      img = Image.open(imgpath)
27      imgwidth, imgheight = img.size
28      logoimg = Image.open(logopath)
29      imgwh_min = min(imgwidth, imgheight)     #求图片较短的边
30      logoimg = logoimg.resize(
31          (int(imgwh_min / 2), int(imgwh_min / 2)),
32          Image.ANTIALIAS)                     #缩放 Logo 图片
33      if logoimg.mode != 'RGBA':
34          logoimg = logoimg.convert('RGBA')
35      logoalpha = logoimg.split()[3]
36      logoalpha = ImageEnhance.Brightness(logoalpha).enhance(0.2)
37      #ImageEnhance.Brightness(image)返回一个亮度加强器实例
38      #enhancer.enhance(factor)返回一个加强的图像,factor 介于 0~1 之间,1 代表返回
39      原图,0 代表返回较低亮度、对比、颜色的图片
40      logoimg.putalpha(logoalpha)
41      #复制指定的值到当前图片的 Alpha 通道
42
43      logowidth, logoheight = logoimg.size
44      logobox = ((imgwidth-logowidth) // 2, (imgheight-logoheight) // 2)
45      img.paste(logoimg, box=logobox, mask=logoalpha)
46      return img
47
48  if (__name__ == '__main__'):
49      img = strmark("example.jpg", 'tup.tsinghua.edu.cn')    #用字符做水印
50      img.show()
51      img2 = logomark("example.jpg", "logo.png")             #用 Logo 做水印
52      img2.show()
```

字符水印与 Logo 水印效果分别如图 10-6 和图 10-7 所示。

图 10-6 字符水印效果

图 10-7 Logo 水印效果

教学视频

10.6.3 实训：生成二维码

二维码简称 QR Code(Quick Response Code)，全称为快速响应矩阵码，是二维条形码的一种，由日本的 Denso Wave 公司于 1994 年发明。随着智能手机的普及，已广泛应用于日常生活中，例如商品信息查询、社交好友互动、网络地址访问等。

二维码以其快速的可读性和较大的存储容量而被广泛使用，代码由在白色背景下黑色模块组成的正方形图案表示，编码的信息可以各类信息组成，如二进制数据、字符、数字，甚至汉字等。

Python 下制作二维码的软件包为 MyQR，该软件包是以 PIL 为基础的，使用前需要安装 PIL 包。安装的方法为如 pip install myqr 或 pip install MyQR。

MyQR 的使用方法为：调用 run()方法，设置 words 参数即可生成二维码。

```
>>> from MyQR import myqr
>>> myqr.run(words="http://www.tup.tsinghua.edu.cn")
```

二维码图片默认保存为 C:\users\用户名\qrcode.png。

MyQR 也可以更多地控制二维码的生成，如下所示。

【例 10-4】 生成清华大学出版社网址。

```
1   from MyQR import myqr
2   myqr.run(
3     words='http://www.tup.tsinghua.edu.cn/',
4     #扫描二维码后，显示内容或跳转链接
5     version=5,                  #设置二维码边长
6     level='H',                  #控制纠错水平，分别是 L、M、Q、H，从左到右纠错等级依次升高
7     picture='./images/logo.png',      #图片所在目录，可以是 GIF 动画图片
8     colorized=True,             #黑白(False)还是彩色(True)
9     contrast=1.0,               #用以调节图片的对比度，1.0 表示原始图片，默认为 1.0
10    brightness=1.0,             #用来调节图片的亮度，用法同上。
11    save_name='tuptsinghua.png',      #控制输出文件名，格式可以是 JPG、PNG、BMP、GIF
12    save_dir="D:\\"
13  )
```

MyQR 各参数具体含义如表 10-3 所示。

表 10-3 MyQR 各参数含义

参数名	含　义	数据类型	详细说明
words	二维码的指向链接	str 字符串	非默认参数，除了 words 参数，其余几个参数都可以不要。字符串可以是二进制数据、字符、数字等
version	二维码边长	int 数字	二维码边长，范围是 1～40，数字越大则边长越长，最小尺寸 1 会生成 21×21 矩阵的二维码，version 每增加 1，生成的二维码就会添加 4，例如 version 是 2，则生成 25 ×25 矩阵的二维码

续表

参数名	含　义	数据类型	详 细 说 明
level	纠错等级	str 字符串	L：7%的字节码可被容错
			M：15%的字节码可被容错
			Q：25%的字节码可被容错
			H：30%的字节码可被容错
picture	背景图片	str 字符串	将一图片作为二维码背景，格式可以是 JPG、PNG、BMP、GIF
colorized	是否为彩色	bool 布尔值	False 为黑白，True 为彩色
save_name	保存图片的文件名	str 字符串	二维码图片的文件名，默认值为 qrcode.png
save_dir	图片保存路径	str 字符串	二维码图片保存路径

生成简单二维码，如下所示。

【例 10-5】 生成简单的清华大学出版社二维码。

```
1  #-*-coding:utf-8 -*-
2  from MyQR import myqr
3  myqr.run(words='http://www.tup.tsinghua.edu.cn/',
4           save_name='./images/tu10-6.jpg',
5  )
```

生成带背景图片的二维码，如下所示。

【例 10-6】 生成带背景图片的清华大学出版社二维码。

```
1  #-*-coding:utf-8 -*-
2  from MyQR import myqr
3  myqr.run(words='http://www.tup.tsinghua.edu.cn/',
4           picture=r'.\images\logo.png',      #背景图片
5           colorized=True,                    #True 表示彩色,False 表示黑白
6           save_name='.\images\tu10-7.png',
7  )
```

生成动态二维码。GIF 文件是一种动画图片文件，它是将一系列图片放到一个文件中，顺序播放就呈现出动画效果。

【例 10-7】 生成动态背景的清华大学出版社二维码。

```
1  #-*-coding:utf-8 -*-
2  from MyQR import myqr
3  myqr.run(words='http://www.tup.tsinghua.edu.cn/',
4           picture=r'.\images\tsinghua.gif',#动态背景
5           colorized=True,                    #彩色
6           save_name='./images/tu10-8.gif',
7  )
```

生成的二维码效果分别如图 10-8～图 10-10 所示。

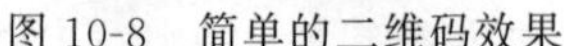

图 10-8　简单的二维码效果

图 10-9 带背景图片的二维码效果

图 10-10　动态二维码效果

本章小结

本章介绍了 Python 进行图像处理的方法。PIL 是 Python 图像库的缩写，使用它的 Image 模块可以对图像进行基本的操作，使用它的 ImageDraw 模块可以在图像上绘制图形，使用它的 ImageFont 模块可以在图像上输出文字，使用它的 ImageFilter 模块可以给图像添加滤镜效果。然后以生成验证码、给图片加水印、生成二维码为例介绍了 Python 在图像处理中的应用。

思考与练习

一、判断题

1. PIL 是专门用于图像处理的 Python 库。　（　　）
2. PIL 库的兼容库为 Mypil。　（　　）
3. PIL 的 Image 模块可以旋转图像。　（　　）
4. PIL 的 ImageDraw 模块不可以绘制扇形。　（　　）
5. PIL 的 ImageFont 模块不可以使用矢量字体绘制文本。　（　　）
6. ImageFilter 模块是 PIL 中的滤镜模块。　（　　）
7. ImageFilter 模块不可以实现浮雕滤镜效果。　（　　）
8. 常用的图片添加水印方法就是将水印图片叠加在原图片上。　（　　）
9. MyQR 模块不可以生成带图标的二维码。　（　　）

二、编程题

1. 编程生成一个验证码图片。
2. 编程生成一个你的“学号姓名”字符(如 194225101 诸葛亮)的二维码。
3. 编程生成一个你所在学院的二维码，要求带有学校 Logo 图标。

第11章

抓取网络数据

1. 了解URI、URL及网页的结构。
2. 掌握requests爬取网络数据的过程及方法。
3. 掌握XPath定位网页节点的方法。
4. 掌握读取、写入JSON数据的方法。
5. 掌握读取、写入CSV数据的方法。
6. 掌握jieba库进行中文分词的方法。
7. 了解词云的原理及使用方法。

11.1 网络基础

教学视频

随着互联网的发展，基于网络的应用也越来越广泛，其中Web应用是网络中应用最广泛的一种，Web应用使用了HTTP（超文本传输协议），它采用请求-应答模式，客户端提出请求，服务端给出应答，传输的内容是用HTML描述的超文本文件。Web资源的信息量是海量的，抓取Web数据是获取网络信息的重要途径，本章将介绍网络数据抓取的基础知识。

11.1.1 URI与URL

Web应用中有两个重要概念，一个是最常见的URL，另一个是URI。URL是URI的子集。

URI（Uniform Resource Identifier，通用资源标识符）是一个用于标识某一互联网资源名称的字符串。该种标识允许用户对任何（包括本地和互联网）资源通过特定的协议进行交互操作。URI一般由三部分组成：①访问资源的命名机制；②存放资源的主机名；③资源自身的名称，由路径表示。例如http://news.xinhuanet.com/world/2015-06/28/c_1115746629.htm，http是访问资源的协议，news.xinhuanet.com是主机，world/2015-06/28/c_

1115746629.htm 是资源的路径与名称。下面是另外一些 URI。

mailto:joe@126.com：指向一个用户的邮箱。

file:///usr/share/doc/HTML/index.html：指向本机/usr/share/doc/HTML/目录下的一个网页文件。

URL(Uniform Resource Locator,统一资源定位器)是 Web 中网页的地址,采用 URL 可以用统一的格式来描述各种信息资源,包括文件、服务器的地址和目录等。它的格式如下所示。

```
协议：//主机：端口/地址
```

如 http://www.pku.edu.cn/、http://gopher.quux.org:70/、ftp://192.168.1.8/readme.txt。

11.1.2 网页的结构

通过第 9 章的讲述,已经了解了 Web 的基础知识、网页制作和发布的相关知识,其实 Web 服务器发送的网页是由 HTML 文件、JavaScript 文件、CSS 文件、图片、音视频文件等组成。经过浏览器解析后,看到的就是缤纷多彩的网页了。看到的网页实质是由 HTML 代码构成"骨架",由文字、图片、音视频构成网页的"肉",再由 JavaScript 和 CSS 进行润色,这样看到的网页就鲜活起来了。进行网页的抓取,就是要对 HTML 代码进行分析,从网页这个大骨架中取出文字、图片、音视频等资源,因此,有必要简单介绍一下 HTML 文件的结构。

下面来看一个简单的 index.html 文件。

```
<!DOCTYPE html>
<html>
<head>
<meta http-equiv="Content-Type" content="text/html; charset= utf-8" />
<title>HTML 结构示例</title>
</head>
<body>
    <img src="image01.png" width="104" height="142">
    <h1>我的第一个标题</h1>
    <p>我的第一个段落</p>
    <a href="http://www.tsinghua.edu.cn/">清华大学</a>
</body>
</html>
```

结构解析。

(1) <!DOCTYPE html> 声明为 HTML 文档。

(2) <html>与</html> 之间的文本描述网页。

(3) <head> 与</head>之间包含了文档的元(Meta)数据。

(4) <title>与</title>之间描述了网页的标题。

(5) <body>与</body> 之间的文本是可见的页面内容。

(6) <img src=...>描述了一张图片。

(7) <h1>与</h1> 之间的文本被显示为标题。

(8) <p>与</p> 之间的文本被显示为段落。

(9) <a href="...">...</a>描述了一条超链接。

图 11-1 显示了该网页的可视化结构。

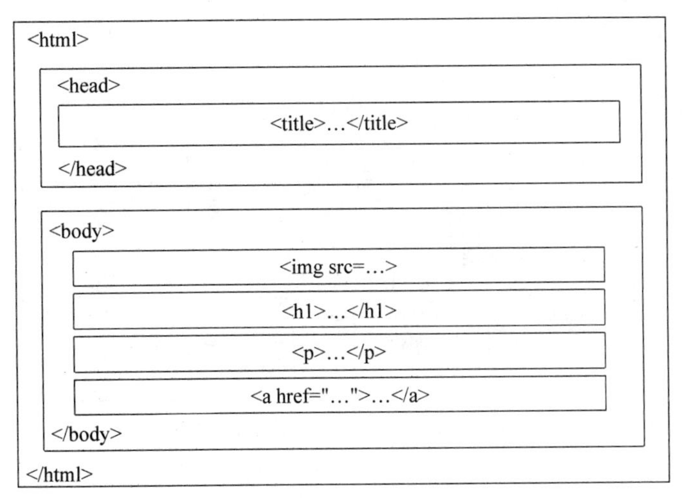

图 11-1　网页结构示意图

万维网联盟(W3C)使用文档对象模型(DOM)定义了访问 HTML 文档的标准,并将 HTML 文档视作树结构,称为节点树,HTML 文档中的所有内容都是节点。

(1) 整个文档是一个文档节点。

(2) 每个 HTML 元素是元素节点。

(3) HTML 元素内的文本是文本节点。

(4) 每个 HTML 属性是属性节点。

HTML 节点树如图 11-2 所示。

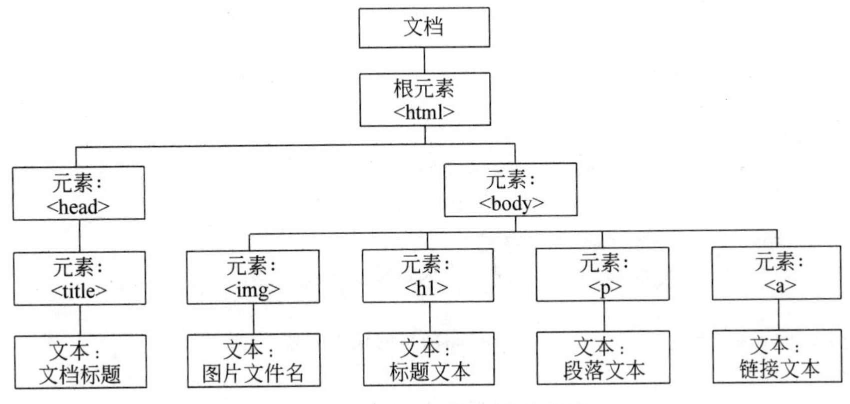

图 11-2　HTML 节点树示意图

节点树中的节点彼此拥有层级关系。

父(Parent)、子(Child)和同胞(Sibling)等术语用于描述这些关系。父节点拥有子节点。同级的子节点被称为同胞(兄弟或姐妹)。在节点树中,顶端节点被称为根(Root);每个节点都有父节点、除了根(它没有父节点),一个父节点可拥有任意数量的子节点,同胞是拥有相同父节点的节点。

图 11-3 展示了节点树的一部分以及节点之间的关系。

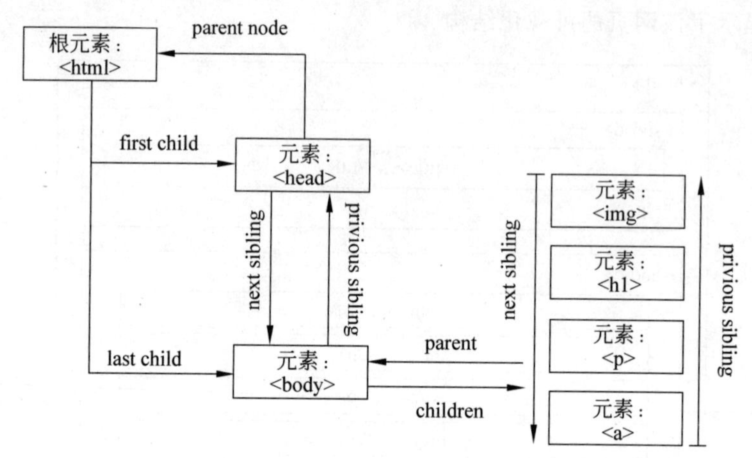

图 11-3　网页节点间关系示意图

教学视频

11.2　使用 requests 抓取网络数据

这一节将简单介绍 requests 库的基本用法。与更底层的 urllib 相比较，requests 使用起来更加方便简易。requests 支持国际化域名和 URL、Keep-Alive & 连接池、带持久 Cookies 的会话、多种认证方式、优雅的键/值 Cookies、自动解压与解码、文件分块上传等功能。requests 已经成为抓取网页数据的利器。

requests 官方网址为 http://www.python-requests.org/en/master/，中文版网址为 http://cn.python-requests.org/zh_CN/latest/，它的安装方法如下所示。

```
>pip install requests
```

requests 的基本用法如下所示。

```
>>> import requests
>>> r = requests.get('http://www.pku.edu.cn')
>>> print(type(r))                  #打印返回结果的类型
<class 'requests.models.Response'>
>>> print(r.status_code)            #打印状态码
200
>>> print(r.encoding)               #打印网页的编码方式
ISO-8859-1
>>> print(r.cookies)                #打印会话的 cookies
<RequestsCookieJar[]>
>>> print(r.headers)                #打印请求头
{'Server': 'nginx', 'Date': 'Sun, 16 Feb 2020 04:32:29 GMT', 'Content-Type': 'text/
html', 'Content-Length': '105806', 'Last-Modified': 'Wed, 12 Feb 2020 11:38:28 GMT',
'Connection': 'keep-alive', 'ETag': '"5e43e3b4-19d4e"', 'Accept-Ranges': 'bytes'}
>>> r.text                          #查看响应内容
```

```
'<!DOCTYPE html PUBLIC "-//W3C//DTD XHTML 1.0 Transitional//EN" "http://www.w3.
org/TR/xhtml1/DTD/xhtml1-transitional.dtd">\r\n\r\n<html xmlns="http://www.
w3.org/1999/xhtml">\r\n<head>\r\n<title></title>\r\n</head>\r\n<script type=
"text/javascript">\r\n\r\n …… \r\n</script>\r\n<body>\r\n\r\n</body>\r\n
</html>\r\n'
>>> r.content                        #查看二进制响应内容
b'\xef\xbb\xbf<!DOCTYPE html PUBLIC "-//W3C//DTD XHTML 1.0 Transitional//EN"
"http://www.w3.org/TR/xhtml1/DTD/xhtml1-transitional.dtd">\n<html xmlns=
"http://www.w3.org/1999/xhtml">\n<head>\n<title></title>\n</head>\n<script
type="text/javascript">\r\n\r\n//\xe5\xb9\xb3\xe5\x8f\xb0\xe3\x80\x81\xe8\xae\xbe\
xe5\xa4\x87\xe5\x92\x8c\xe6\x93\x8d\xe4\xbd\x9c\xe7\xb3\xbb\xe7\xbb\x9f\r\nvar
system = {\r\n win: false,\r\n mac: false,\r\n x11: false\r\n};\r\n//\xe6\xa3\x80\
xe6\xb5\x8b\xe5\xb9\xb3\xe5\x8f\xb0\r\n var p = navigator.platform;\r\n//alert
(p);\r\n\r\n/**var sUserAgent = navigator.userAgent.toLowerCase();\r\n alert
(sUserAgent);*/\r\n\r\n system.win = p.indexOf("Win") == 0;\r\n system.mac = p.
indexOf("Mac") == 0;\r\n system.x11 = (p == "X11") || (p.indexOf("Linux") == 0);\r
\n//\xe8\xb7\xb3\xe8\xbd\xac\xe8\xaf\xad\xe5\x8f\xa5\r\n if(system.win || system.
mac || system.x11) {//\xe8\xbd\xac\xe5\x90\x91\xe5\x90\x8e\xe5\x8f\xb0\xe7\x99\xbb\
xe9\x99\x86\xe9\xa1\xb5\xe9\x9d\xa2\r\n window.location.href = "index.html";\r\
n} else {\r\n window.location.href = "/wap/tszx.aspx";\r\n}\r\n\r\n</script>\n<
body>\n</body>\n</html>\n'
```

将上面的代码加以总结,形成如下的获取百度网页文本的函数。

【例 11-1】 抓取百度网页。

```
1  #-*-coding:utf-8-*-
2  import requests
3
4  def gethtml(url):
5      try:
6          r = requests.get(url)
7          r.raise_for_status()          #若状态码不是 200,则引发异常
8          r.encoding = 'utf-8'          #将网页编码设为 utf-8
9          return r.text
10     except Exception:
11         return None                   #若出现异常,则返回 None
12
13 url = "https://www.baidu.com"
14 print(gethtml(url))
```

11.3 使用 XPath 定位网页节点

教学视频

上文介绍过网页是由节点组成的,并且组成一棵节点树,获取网页中的数据就需要使用选择器定位网页节点,然后取得节点中感兴趣的数据,从而实现抓取数据的目的。现在常用的选择器有 XPath 和 CSS。这里介绍 XPath 定位器。

XPath 的全称是 XML Path Language,即 XML 路径语言,是一门在 XML(可扩展标记语言)中查找信息的语言,XPath 适用于搜寻 XML,同样也适用于 HTML。XPath 已经于

1999年11月16日成为W3C标准，关于XPath的详细内容请参见其官方网址https://www.w3.org/TR/xpath，中文教程请参见http://www.w3school.com.cn/xpath/index.asp。XPath提供了简明扼要的路径选择表达式，并且提供了100多个内置函数对字符串、数值、时间的匹配及节点和序列做出相应处理，XPath的常用规则如表11-1所示。

表11-1　XPath常用规则

表达式	描　述
nodename	选取该节点的所有子节点
/	从根节点选取
//	从匹配选择的当前节点选取文档中的节点，而不考虑它们的位置
.	选取当前节点
..	选取当前节点的父节点
@	选取节点的属性

下面以一段HTML代码为例演示XPath的功能。

```
>>> rhtml = '''
<html>
<head><title>代码示例</title></head>
<body>
<div>
<ol>
<li class="item0" name="ppsuc"><a href="https://www.ppsuc.edu.cn/">中国人民公安大学</li>
<li class="item1" name="cipuc"><a href="http://www.cipuc.edu.cn/">中国刑事警察学院</li>
<li class="item2" name="wjxy"><a href="http://www.wjxy.edu.cn/">中国人民警察大学</li>
<li class="item3"><a href="http://www.forestpolice.net/">南京森林警察学院</li>
<li class="item4"><a href="http://www.rpc.edu.cn/">铁道警察学院</li>
</ol>
</div>
</body>
</html>
'''
```

首先需要从lxml导入etree模块，调用HTML类处理HTML文档，调用XML类处理XML文档。

```
>>> from lxml import etree
>>> html = etree.HTML(rhtml)                    #rhtml为上文的HTML内容
```

1. 从根获取节点

通过/或//可以查找元素的子元素。

```
>>> title = html.xpath('/html/head/title')
>>> title
```

```
[<Element title at 0x366ce08>]
```

2. 选择所有节点

“//”开头的XPath规则一般用于选取所有符合要求的节点。

```
>>> result = html.xpath('//*')
>>> result
[<Element html at 0x30144c8>, <Element head at 0x366ef08>, <Element title at
0x366ce08>, <Element body at 0x366e148>, <Element div at 0x36800c8>, <Element
ol at 0x3680208>, <Element li at 0x3680248>, <Element a at 0x3680288>, <Element
li at 0x36802c8>, <Element a at 0x36801c8>, <Element li at 0x3680308>, <Element a
at 0x3680348>, <Element li at 0x3680388>, <Element a at 0x36803c8>, <Element li
at 0x3680408>, <Element a at 0x3680448>]
```

这里的“*”表示所有的。下面的代码选取所有li列节点。

```
>>> result = html.xpath('//li')
>>> result
[<Element li at 0x3680248>, <Element li at 0x36802c8>, <Element li at 0x3680308>,
<Element li at 0x3680388>, <Element li at 0x3680408>]
```

3. 节点的属性匹配

在选取节点时，可以使用@符号进行属性过滤，比如上述例子中有多个li节点，如何定位到一个具体的li呢？可以根据li的属性class="item0"来定位中国人民公安大学。

```
>>> result = html.xpath('//li[@class="item0"]')
>>> result
[<Element li at 0x3680248>]
```

定位中国刑事警察学院的超链接。

```
>>> result = html.xpath('//a[@href="http://www.cipuc.edu.cn/"]')
>>> result
[<Element a at 0x366e148>]
```

4. 子节点

假如要选取上述网页中的li节点中的所有a子节点，代码如下。

```
>>> result = html.xpath('//li/a')
>>> result
[<Element a at 0x366cfc8>, <Element a at 0x366e148>, <Element a at 0x366ecc8>,
<Element a at 0x366ef88>, <Element a at 0x3680248>]
```

5. 父节点

找到某节点后，可以通过..来选取它的父节点。

```
>>> result = html.xpath('//a[@href="http://www.cipuc.edu.cn/"]/../@class')
>>> print(result)
['item1']
```

通过href属性等于http://www.cipuc.edu.cn/查找到确定的a对象，再查找它的父对象的class属性，其值为item1。

6. 获取文本

通过上述方法可以查找到某一个或一些节点，但用户感兴趣的是节点中的文本。如何获取节点的文本呢？通过XPath中的text()方法就可以获取该节点中的文本。

```
>>> title = html.xpath('/html/head/title/text()')
>>> title
['代码示例']
```

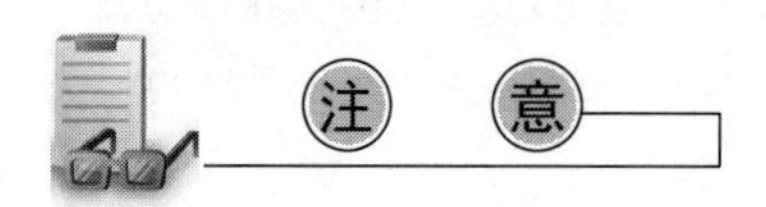

用XPath中的text()方法获取到的文本是放在列表中的。使用列表的下标可以访问列表内容。

```
>>> title[0]
'代码示例'
```

获取li节点下超链接中的文本。

```
>>> lis = html.xpath('//li/a/text()')
>>> lis
['中国人民公安大学', '中国刑事警察学院', '中国人民警察大学', '南京森林警察学院', '铁道警察学院']
>>> lis[2]
'中国人民警察大学'
```

获取特定属性节点的文本。

```
>>> result = html.xpath('//li[@class="item2"]/a/text()')
>>> result
['中国人民警察大学']
```

7. 多值查找

在属性查找时，可能会匹配多个值，这时可以使用contains()方法，如下所示。

```
>>> result = html.xpath('//li/a[contains(@href,"edu.cn")]')
>>> result
[<Element a at 0x366ecc8>, <Element a at 0x366cfc8>, <Element a at 0x3680408>,
<Element a at 0x36802c8>]
```

contains()方法第一个参数为属性名称，第二个参数为属性的值。

8. 按序查找

有时网页中的节点是一个序列，如上例中有多个li对象，这时可以使用[n]来表示第n个节点，如下所示。

```
>>> result = html.xpath('//li[1]/a/text()')
```

```
>>> result
['中国人民公安大学']
```

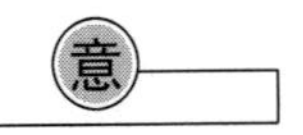

网页节点的序号是从1开始的。

在序列长度不知道多长时,可以使用last()方法获取最后一个节点。

```
>>> result = html.xpath('//li[last()]/a/text()')
>>> result
['铁道警察学院']
>>> result = html.xpath('//li[last()-2]/a/text()')
>>> result
['中国人民警察大学']
```

使用position()方法获取节点所在的位置,如下所示。

```
>>> result = html.xpath('//li[position()<3]/a/text()')
>>> result
['中国人民公安大学', '中国刑事警察学院']
```

9. 多属性查找

有时查找某节点需要根据多个属性才能找到,这时需要用逻辑运算符 and、or 将多个属性表达式连接起来,根据多个属性查找节点。

查找 class 属性包括 0 或 2 的 li 节点下的 a 属性的文本。

```
>>> result = html.xpath('//li[contains(@class,"0") or contains(@class,"2")]/a/
text()')
>>> result
['中国人民公安大学', '中国人民警察大学']
```

查找既有 class 属性又有 name 属性的 li 节点下的 a 属性的文本。

```
>>> result = html.xpath('//li[@class and @name]/a/text()')
>>> result
['中国人民公安大学', '中国刑事警察学院', '中国人民警察大学']
```

11.4 抓取网站 Top250 数据

教学视频

学习了 XPath 定位网页节点以后,可以使用该工具包进行一些实际抓取数据的工作了。下面以豆瓣图书 Top250 为例,抓取网页中的数据。豆瓣(Douban)是一个社区网站,网站由杨勃于 2005 年 3 月 6 日创立。该网站提供关于书籍、电影、音乐等作品的信息,无论描述还是评论都由用户提供(User-generated Content,UGC),是 Web 2.0 网站中具有特色的一个网站。网站不仅进行书影音推荐,还提供线下同城活动、小组话题交流等多种服务功能,它更像一个集品味系统(读书、电影、音乐)、表达系统(我读、我看、我听)和交流系统(同城、小组、友邻)于一体的创新网络服务平台,一直致力于帮助都市人群发现生活中有用的事物。豆瓣图书 Top250 列举了排名前 250 种图书的信息，其网络地址[URL]为 https://book.douban.com/top250。

在浏览器中打开网页，如图 11-4 所示。

图 11-4 豆瓣图书 Top250 的页面

在浏览器中右击选择"查看网页原代码"选项，可以看到网页的原代码，原代码中显示图书信息的主体部分结构如下。

```
<div id="content">
    <h1>豆瓣图书 Top 250</h1>
    <div class="grid-16-8 clearfix">
      <div class="article">
  <div class="indent">
        <p class="ulfirst"></p>
      <table width="100%">
        <tr class="item">
          <td width="100" valign="top">
            <a class="nbg" href="https://book.douban.com/subject/1770782/"
              onclick="moreurl(this,{i:'0'})" >
              <img src="https://img3.doubanio.com/view/subject/m/public/
               s1727290.jpg" width="90" />
            </a>
          </td>
          <td valign="top">
            <div class="pl2">
              <a href="https://book.douban.com/subject/1770782/" onclick=&#34;
               moreurl(this,{i:&#39;0&#39;})&#34; title="追风筝的人">
```

```
                追风筝的人
              </a>
                  <img src="https://img3.doubanio.com/pics/read.gif"
                alt="可试读" title="可试读"/>
                <br/>
                <span style="font-size:12px;">The Kite Runner</span>
            </div>
              <p class="pl">[美] 卡勒德・胡赛尼 / 李继宏 / 上海人民出版社 / 2006-5/
               29.00 元</p>
              <div class="star clearfix">
                  <span class="allstar45"></span>
                  <span class="rating_nums">8.9</span>
                <span class="pl">(
                    462288 人评价
                )</span>
              </div>
              <p class="quote" style="margin: 10px 0; color: #666">
                  <span class="inq">为你,千千万万遍</span>
              </p>
          </td>
        </tr>
      </table>
   ...
  <div class="paginator">
        <span class="prev">
            &lt;前页
        </span>
                <span class="thispage">1</span>
            <a href="https://book.douban.com/top250?start=25" >2</a>
      ...
        <span class="next">
            <link rel="next" href="https://book.douban.com/top250?start=25"/>
            <a href="https://book.douban.com/top250?start=25" >后页 &gt;</a>
        </span>
        </div>
```

从原代码可以看出,显示图书信息的部分最外层为<div id="content">标签,里层标签为<table width="100%">,说明用表格来显示图书信息,表格内有<tr class="item">标签,该标签是一本图书的一个标志,找到该标签就意味着找到了图书信息;后面是用于分页显示的导航栏,其中<span class="next">是后页的超链接,可以根据超链接找到下一页数据。

根据网页的结构,首先获取<ol>标签对象,在其中找到当前页中所有的</tr class="item">标签,从</tr>标签中找到需要的信息。最后从网页代码中找到<span class="next">标签,获取它的</a>属性,https://book.douban.com/top250? start=25 就是下一页面的 URL,以此 URL 为基础,再获取网页。如此反复循环即可获取所有的"豆瓣图书Top250"的信息。

XPath 值的获取。

使用谷歌 Chrome 浏览器打开 https://book.douban.com/top250，网页如图 11-5 所示，打开浏览器菜单(窗口右上角三个点)，选择“更多工具”→“开发者工具”命令，显示如图 11-5 所示界面，依次进行如下操作。

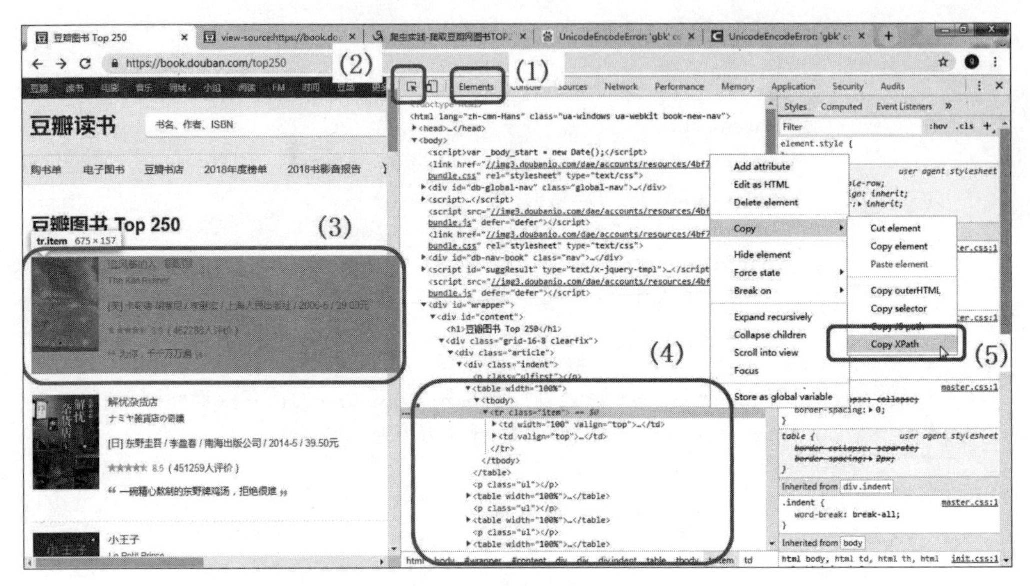

图 11-5　获取节点 XPath 的步骤

(1) 单击“Elements”选项，如步骤(1)。

(2) 单击“select an Element in the page to Inspect it”命令，如步骤(2)。

(3) 在网页中单击准备抓取的对象，如图 11-5 中的“追风筝的人”，这时中间窗格会加深显示对应的节点。

(4) 在中部窗格对应节点上右击，如步骤(4)。

(5) 从弹出菜单中选择“Copy”→“Copy XPath”命令，这样就可以获取某节点的 XPath 值。

通过上述步骤可以获取关注节点的 XPath 值。

tr 对象的 XPath 值：//*[@id="content"]/div/div[1]/div/table[1]/tbody/tr。

图书名的 XPath 值：//*[@id="content"]/div/div[1]/div/table[1]/tbody/tr/td[2]/div[1]/a。

图书信息的 XPath 值：//*[@id="content"]/div/div[1]/div/table[1]/tbody/tr/td[2]/p[1]。

图书的评分的 XPath 值：//*[@id="content"]/div/div[1]/div/table[1]/tbody/tr/td[2]/div[2]/span[2]。

从浏览器获取的 XPath 值中 table 下有 tbody 标签，而源代码中没有，</table>标签下直接是</tr>标签。因为浏览器在 table 标签下添加了 tbody，因此，应将 XPath 中的

tbody 标签删除。

根据源代码和 XPath 路径，应该先找网页中所有表格行的标签<tr class="item">，表格行内包括了图书的信息。再依据<tr class="item">标签找其下的作者、出版社、价格等信息。

下面通过 XPath 抓取豆瓣图书 Top250 的图书名和评分，例程如下。

【例 11-2】 抓取豆瓣图书 Top250 数据。

```
1  #coding:utf-8
2  from lxml import etree
3  import requests
4
5  book_info=""
6  url ="https://book.douban.com/top250"
7  def get_htmltext(url):
8    try:
9        headers = {'User-Agent':'Mozilla/5.0 (Windows NT 6.1) AppleWebKit/537.36 \
10                   (KHTML, like Gecko) Chrome/63.0.3239.132 Safari/537.36'}
11       print(f"正在抓取{url}...")
12       r = requests.get(url,headers = headers)     #设置头信息模拟浏览器,否则抓取失败
13       r.raise_for_status()                        #若状态码不是 200,则引发异常
14       r.encoding ="utf-8"
15       return r.text
16    except Exception:
17       return ""
18
19  def getbookinfo():
20    global book_info             #申明全局变量
21    selector  = etree.HTML(get_htmltext(url))
22    while True:
23        booklist = selector.xpath('//tr[@class="item"]')
24        book_dict={}
25        for book in booklist:
26           book_title = book.xpath('td[2]/div/a/@title')[0].strip() #标题
27           bookinfos = book.xpath('td[2]/p[1]/text()')[0].strip()   #图书信息
28           book_score = book.xpath('td[2]/div/span[2]/text()')[0]   #评分
29           book_info=book_info+book_title+","+bookinfos+","+book_score+"\n"
30        nextpagelist = selector.xpath('//*[@id="content"]/div/div[1]/div/
          div/span[3]/a/@href')
31        #下页的 URL
32        if len(nextpagelist)>0:
33           nextpageurl=nextpagelist[0]
34           selector  = etree.HTML(get_htmltext(nextpageurl))
35        else:
36           break
37  def savetotxt(filename, text):
38      with open(filename,"w",encoding="utf-8") as f:       #指定文件为 utf-8 编码
39        f.write(text)
```

```
40
41 if __name__=="__main__":
42     getbookinfo()
43     print(book_info)
44     savetotxt("d:/bookinfo.txt",book_info.strip())
```

11.5 数据保存到JSON文件

教学视频

JSON的全称是Java Script Object Notation，即JavaScript对象标记，它使用对象和数组的组合来表示数据，JSON是一种轻量级结构化的数据交换格式。在JavaScript中一切都是对象，可以是字符串、数字、对象、数组等，对象用键值对来表示，如下所示。

```
>>> man = {'id':1,'name':"张三",'gender':'male'}
```

数组是用方括号包裹起来的对象，如下所示。

```
>>> mans =[ {'id':1,'name':"张三",'gender':'male'}, {'id':2,'name':"李四",
'gender':'Female'}]
```

方括号在Python中表示列表，列表中的元素可以是任何类型，并且对象和数组可以无限次嵌套。

Python中要使用JSON数据类型，需要先导入json。

11.5.1 读取JSON数据

JSON库中的loads()函数和load()函数是将文本字符串转换为JSON对象。json.load()从文件中读取json字符串；json.loads()将json字符串转换为字典类型。

```
>>> mans_str ='''[ {"id":1,"name":"张三","gender":"male"}, {"id":2,"name":"李
四","gender":"Female"}]'''
```

JSON格式的数据是用双引号，若用单引号，loads()函数会出错。

```
>>> import json
>>> mansdata = json.loads(mans_str)
>>> print(type(mans_str))
<class 'str'>
>>> print(type(mansdata))
<class 'list'>
```

loads()函数和load()函数的功能是将字符串转换为列表，可以使用列表的下标访问列表的值。

```
>>> mansdata[0]['name']
'张三'
>>> mansdata[1].get("gender")
'Female'
```

以上两种方式都可以获取值，但推荐使用 get()方法，因为它不会因为键不存在而抛出异常。

11.5.2 输出 JSON 格式

JSON 库中的 dumps()和 dump()两个函数可以将 JSON 对象转换为字符串。json.dumps()将 Python 中的字典类型转换为字符串类型，json.dump()将 JSON 格式字符串写到文件中。两个函数的参数如表 11-2 所示。

表 11-2 dumps()函数和 dump()函数的参数

参 数	描 述
sort_keys	为 True 时，对字典元素按照键进行排序，为 False 时，不排序
indent	用于增加数据的缩进，使得 JSON 格式更具有可读性
ensure_ascii	JSON 对象中含有中文时，将 ensure_ascii 设置为 False 能够处理中文

示例如下所示。

```
>>> mans =[ {"id":1,"name":"张三","gender":"male"}, {"id":2,"name":"李四",
"gender":"Female"}]
>>> mans_str= json.dumps(mans)
>>> print(mans_str)
[{"id":1,"name":"\u5f20\u4e09","gender":"male"},{"id":2,"name":"\u674e\u56db",
"gender":"Female"}]
```

mans 对象中含有中文，使用 dumps()函数不能很好地处理中文，下面将 ensure_ascii 设为 False，就能处理中文了。

```
>>> mans_str= json.dumps(mans,ensure_ascii=False)
>>> print(mans_str)
[{"id": 1, "name": "张三", "gender": "male"}, {"id": 2, "name": "李四", "gender":
"Female"}]
```

设置 indent 参数，可以使 JSON 字符串更加规整，如下所示。

```
>>> mans_str2= json.dumps(mans,indent=4,ensure_ascii=False)
>>> print(mans_str2)
[
    {
        "id": 1,
        "name": "张三",
        "gender": "male"
    },
    {
        "id": 2,
        "name": "李四",
        "gender": "Female"
    }
]
```

将 sort_keys 设置为 True 时，将会按键进行排序，如下所示。

```
>>> mans_str3= json.dumps(mans,sort_keys=True,indent=4,ensure_ascii=False)
>>> print(mans_str3)
[
    {
        "gender": "male",
        "id": 1,
        "name": "张三"
    },
    {
        "gender": "Female",
        "id": 2,
        "name": "李四"
    }
]
```

将上例中豆瓣读书 Top250 数据保存到 JSON 文件中。

【例 11-3】 保存豆瓣图书 Top250 保存到 JSON 文件中。

```
1   #coding:utf-8
2   from lxml import etree
3   import requests
4   import json
5
6   g_book_list = []
7   url = "https://book.douban.com/top250"
8
9
10  def get_htmltext(url):
11      try:
12          headers = {'User-Agent': 'Mozilla/5.0 (Windows NT 6.1) AppleWebKit/537.36 \
13                     (KHTML, like Gecko) Chrome/63.0.3239.132 Safari/537.36'}
14          print(f"正在抓取{url}...")
15          r = requests.get(url, headers=headers)
16          r.raise_for_status()                    #若状态码不是 200,则引发异常
17          r.encoding = "utf-8"
18          return r.text
19      except Exception:
20          return ""
21
22
23  def getbookinfo(url):
24      global g_book_list                          #申明全局变量
25      selector = etree.HTML(get_htmltext(url))
26      while True:
27          booklist = selector.xpath('//tr[@class="item"]')
28          for book in booklist:
29              book_dic = {}
```

```
30                book_title = book.xpath('td/div/a/@title')[0]  #标题
31                book_dic["标题"] = book_title.strip()
32                book_url = book.xpath('td/div/a/@href')[0]
33                book_dic["url"] = book_url.strip()
34                book_infos = book.xpath('td/p/text()')[0]
35                author = book_infos.split('/')[0]
36                book_dic["作者"] = author.strip()
37                if len(book_infos.split('/')) == 5:
38                    book_dic["译者"] = book_infos.split('/')[1].strip()
39                publisher = book_infos.split('/')[-3]
40                book_dic["出版社"] = publisher.strip()
41                date = book_infos.split('/')[-2]
42                book_dic["出版日期"] = date.strip()
43                price = book_infos.split('/')[-1]
44                book_dic["价格"] = price.strip()
45                rate = book.xpath('td/div/span[2]/text()')[0]
46                book_dic["得分"] = rate.strip()
47                comments = book.xpath('td/p/span/text()')
48                if len(comments) != 0:
49                    comment = comments[0]
50                else:
51                    comment = "空"
52                book_dic["引言"] = comment.strip()
53                g_book_list.append(book_dic)   #将 book_dic 字典添加到 g_book_list 列表中
54            nextpagelist = selector.xpath(
55                '//*[@id="content"]/div/div[1]/div/div/span[3]/a/@href')
56            if len(nextpagelist)>0:
57                nextpageurl = nextpagelist[0]
58                selector = etree.HTML(get_htmltext(nextpageurl))
59            else:
60                break
61
62
63    def save2json(filename):
64        with open(filename, "w", encoding="utf-8") as f:  #指定文件编码为 utf-8
65            json.dump(g_book_list, f, indent=4, ensure_ascii=False)
66
67
68    if __name__ == "__main__":
69        getbookinfo(url)
70        save2json("booktop250.json")
71        print("程序执行完毕")
```

11.6　数据保存到 CSV 文件

教学视频

CSV 的全称是 Comma-Separated Values，即逗号分隔值或字符分隔值，CSV 文件是以纯文本形式保存表格数据，文件首行为表格头，其余行为表格数据，数据之间用逗号或字符分隔。CSV 格式如下所示。

```
排名,图书名,评分
1, 追风筝的人, 8.9
2, 解忧杂货店, 8.5
3, 小王子, 9.0
```

11.6.1 数据写入 CSV 文档

以下是一个例子。

```
>>> import csv
>>> with open("book.csv","w", newline='') as f:
        writer = csv.writer(f)
        writer.writerow(["排名","图书名","评分"])
        writer.writerow(["1","追风筝的人",8.9])
        writer.writerow(["2","解忧杂货店",8.5])
        writer.writerow(["3","小王子",9.0])
```

首先打开一个文件，打开方式为“写”，不设置 newline=″会在两行之间增加一个空行。调用 CSV 库的 writer()初始化写入对象，然后调用 writerow()方法写入一行数据。生成的 book.csv 文档内容如下所示。

```
排名,图书名,评分
1, 追风筝的人,8.9
2, 解忧杂货店,8.5
3, 小王子,9.0
```

也可以调用 writerows()方法写入多行数据，如下所示。

```
>>> header =["排名","图书名","评分"]
>>> rows=[["1","追风筝的人",8.9],["2","解忧杂货店",8.5],["3","小王子",9.0]]
>>> with open("book.csv","w",newline='') as f:
        writer = csv.writer(f)
        writer.writerow(header)
        writer.writerows(rows)
```

在生成 writer 对象时，通过设置 delimiter 参数，可以改变分隔符，如下所示。

```
>>> with open("book.csv","w", newline='') as f:
        writer = csv.writer(f,delimiter='\t')
        writer.writerow(["排名","图书名","评分"])
        writer.writerow(["1","追风筝的人",8.9])
        writer.writerow(["2","解忧杂货店",8.5])
        writer.writerow(["3","小王子",9.0])
```

该语句生成的文件内容如下。

```
排名  图书名      评分
1     追风筝的人  8.9
2     解忧杂货店  8.5
3     小王子      9.0
```

11.6.2　读取 CSV 文档数据

利用 CSV 库来读取 CSV 文档，首先打开 CSV 文档，接下来生成 reader 对象，循环读取文件的每一行并显示出来。

```
>>> with open("book.csv","r") as f:
    reader =csv.reader(f)
    for row in reader:
        print(row)
```

显示的结果如下。

```
['排名\t 图书名\t 评分']
['1\t 追风筝的人\t8.9']
['2\t 解忧杂货店\t8.5']
['3\t 小王子\t9.0']
```

下面将上例豆瓣图书 Top250 数据保存到 CSV 文件中，代码如下。

【例 11-4】 将豆瓣图书 Top250 保存到 CSV 文件中。

```
1   #coding:utf-8
2   from lxml import etree
3   import requests
4   import csv
5
6   g_book_infos=[]
7   url = "https://book.douban.com/top250"
8
9   def get_htmltext(url):
10      try:
11          headers = {'User-Agent':'Mozilla/5.0 (Windows NT 6.1) AppleWebKit/537.36 \
12                     (KHTML, like Gecko) Chrome/63.0.3239.132 Safari/537.36'}
13          print(f"正在抓取{url}...")
14          r = requests.get(url,headers = headers)
15          r.raise_for_status()          #若状态码不是 200,则引发异常
16          r.encoding = "utf-8"
17          return r.text
18      except Exception:
19          return ""
20
21  def getbookinfo(url):
22      selector = etree.HTML(get_htmltext(url))
23      while True:
24          booklist = selector.xpath('//tr[@class="item"]')
25          #查询所有 class 属性值为 item 的表格行,返回表格行组成的列表
26          for book in booklist:
27              book_title = book.xpath('td/div/a/@title')[0].strip()         #标题
28              book_url = book.xpath('td/div/a/@href')[0].strip()     #图书的 URL
29              book_infos = book.xpath('td/p/text()')[0]
```

```
30              #图书信息,包含多个由"/"分开的信息单元
31              author = book_infos.split('/')[0].strip()       #第0个单元为作者
32              if len(book_infos.split('/')) == 5:
33                  translator = book_infos.split('/')[1].strip()
34              else:
35                  translator = " "
36              publisher = book_infos.split('/')[-3].strip()    #倒数第3个单元为出版者
37              date = book_infos.split('/')[-2].strip()    #倒数第2个单元为出版日期
38              price = book_infos.split('/')[-1].strip()    #倒数第1个单元为价格
39              rate = book.xpath('td/div/span[2]/text()')[0]   #评分
40              comments = book.xpath('td/p/span/text()')        #引言
41              if len(comments) != 0:
42                  comment = comments[0]
43              else:
44                  comment = "空"
45              book_info = [book_title,book_url,author,translator,publisher,
                date,price,rate,comment]
46              #print(book_info)
47              g_book_infos.append(book_info)        #数据行添加到列表
48
49          #获取下一页后面按钮的URL值
50          nextpagelist = selector.xpath('//*[@id="content"]/div/div[1]/div/
            div/span[3]/a/@href')
51          if len(nextpagelist)>0:        #若下一页不为空则继续循环,为空则跳出循环
52              nextpageurl = nextpagelist[0]
53              selector = etree.HTML(get_htmltext(nextpageurl))
54          else:
55              break
56
57  def write2csv(filename):
58      book_head=["标题", "url", "作者", "译者","出版社", "出版日期", "价格", "得
    分","引言"]
59      with open(filename, "w", newline = '',encoding = "utf-8-sig") as f:
60      #utf-8-sig中sig全拼为Signature也就是"带有签名的utf-8"
61      #文件首行有BOM(Byte Order Mark)声明编码信息
62          writer = csv.writer(f)
63          writer.writerow(book_head)                #写入标题行
64          writer.writerows(g_book_infos)            #写入多行数据
65
66  if __name__ == "__main__":
67      filename = "d:/booktop250.csv"  #存储数据的文件名
68      getbookinfo(url)                #获取图书信息,数据保存在g_book_infos中
69      write2csv(filename)             #将数据保到CSV文件中
70      print("程序执行完毕")
```

11.7 抓取论坛数据分析舆情热点

以上小节介绍了网络数据抓取及数据保存相关的知识，在实际工作中，用户更关心的是论坛、贴吧等网络场所，那里是大众发表心声、表达诉求的场所，是网络舆情的重要数据源，

本节将介绍如何抓取网络论坛的数据，进行中文分词，使用词云，将舆情热点可视化地呈现在用户面前。

11.7.1　中文分词

抓取到网络数据以后，接下来的任务就是对文本数据进行分词，在分词的基础上分析网络舆情的热点。英文的分词相对较简单，英文以单词为基础，单词间用空格、标点符号分隔，分词时直接用字符串的 split()函数即可将字符串分隔为一个个的单词，如下所示。

```
>>> "The police is a sacred and dangerous profession".split()
['The', 'police', 'is', 'a', 'sacred', 'and', 'dangerous', 'profession']
```

关于英文分词的详细内容这里不再介绍。这里重点介绍中文文本的分词方法。

中文分词用到 Python 的第三方库 jieba，jieba 库的安装使用以下命令。

```
pip install jieba
```

安装完成后，使用 import jieba 导入 jieba 库，若未出错则说明安装正确。然后就可以使用它的 lcut()函数、cut()函数对中文字符串进行分词处理了，如下所示。

```
>>> jieba.lcut("警察是一个神圣而又危险的职业")
['警察', '是', '一个', '神圣', '而', '又', '危险', '的', '职业']
```

jieba 分词的原理是基于前缀词典实现高效的词语扫描，生成句子中汉字所有可能的成词情况，采用了动态规划查找最大概率词组，找出基于词频的最大切分组合。除了分词以外，jieba 库还可以添加自定义的词语。jieba 库常用分词函数如表 11-3 所示。

表 11-3　jieba 库常用分词函数

函　　数	描　　述
cut()	精确模式，返回一个可迭代的数据类型。接受三个输入参数：需要分词的字符串；cut_all 参数用来控制是否采用全模式；HMM 参数用来控制是否使用 HMM 模型
lcut()	精确模式，返回一个列表类型
cut_for_search()	该方法接受两个参数：需要分词的字符串；是否使用 HMM 模型。该方法适用于搜索引擎构建倒排索引的分词，粒度比较细
add_word()	向新词典中添加新词
load_userdict()	加载用户自定义词典
Tokenizer()	新建自定义分词器，可用于同时使用不同词典

jieba 库分词模式分为以下三种模式。

(1) 精确模式：试图将句子最精确地切开，适合文本分析。

(2) 全模式：把句子中所有的可以成词的词语都扫描出来，速度非常快，但是不能解决歧义。

(3) 搜索引擎模式：在精确模式的基础上，对长词再次切分，提高召回率，适用于搜索引擎分词。

分词举例。

```
>>> jieba.lcut("人民警察应时刻牢记人民警察的职业精神：'对党忠诚、服务人民、执法公正、纪律严明'")                          #精确模式
['"',人民警察', '应', '时刻', '牢记', '人民警察', '的', '职业', '精神', '：', ", '对党', '忠诚', '、', '服务', '人民', '，', '执法', '公正', '、', '纪律','严明', "'"]
>>> jieba.lcut("人民警察应时刻牢记人民警察的职业精神：'对党忠诚、服务人民、执法公正、纪律严明'",cut_all=True)         #全模式
['"',人民', '人民警察', '民警', '警察', '应', '时刻', '牢记', '人民', '人民警察', '民警', '警察', '的', '职业', '精神', '：', '"', '对', '党', '忠诚', '、', '服务', '人民', '、', '执法', '公正', ''、'', '纪律', '纪律严明', '严明', "'"]
>>> jieba.lcut_for_search("人民警察应时刻牢记人民警察的职业精神：'对党忠诚、服务人民、执法公正、纪律严明'")            #搜索引擎模式
['"',人民', '民警', '警察', '人民警察', '应', '时刻', '牢记', '人民', '民警', '警察', '人民警察', '的', '职业', '精神', '：', ', '对党', '忠诚', '、', '服务', '人民', '、', '执法', '公正', '、', '纪律', '严明', '纪律严明', "'"]
>>> seg_list = jieba.cut("人民警察应时刻牢记人民警察的职业精神：'对党忠诚、服务人民、执法公正、纪律严明'", cut_all=False)
>>> type(seg_list)
<class 'generator'>
>>> print("Default Mode: "+"/ ".join(seg_list))        #精确模式
Default Mode: "/人民警察/ 应/ 时刻/ 牢记/ 人民警察/ 的/ 职业/ 精神/ ：/ '/ 对党/ 忠诚/、/ 服务/ 人民/、/ 执法/ 公正/、/ 纪律严明/'"
```

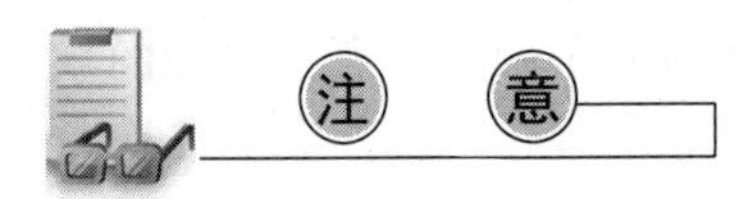

cut()函数与 lcut()函数的最大区别在于 cut()函数返回的是可迭代的数据类型，lcut()函数返回的是列表。

用 jieba 分词时经常会遇到专业术语、新增词语、俚语、网络用语等专用词语，这时可以使用 add_word()函数添加自定义的新词，如下所示。

```
>>> jieba.lcut("要充分利用云计算、大数据、人工智能等科技手段，向现代科技要警力")
['要', '充分利用', '云', '计算', '、', '大', '数据', '、', '人工智能', '等', '科技', '手段', '，', '向', '现代科技', '要', '警力']
```

“大数据”“云计算”是新的词汇，但精确分词将它们分开了，为了精确分词，需要在词库中添加“大数据”“云计算”等新词。

```
>>> jieba.add_word("大数据")
>>> jieba.add_word("云计算")
>>> jieba.lcut("要充分利用云计算、大数据、人工智能等科技手段，向现代科技要警力")
['要', '充分利用', '云计算', '、', '大数据', '、', '人工智能', '等', '科技', '手段', '，', '向', '现代科技', '要', '警力']
```

如果用户定义词典比较大，可以创建一个用户自定义词典文档，文档中一个词占一行；每一行分三部分：词语、词频(可省略)。词性(可省略)，用空格隔开，顺序不可颠倒。如下所示，用户自定义词典文档为 userdic.txt，其内容如下。

```
大数据
```

```
云计算
>>> import jieba
>>> jieba.load_userdict(r"C:\ userdic.txt")
>>> jieba.lcut("要充分利用云计算、大数据、人工智能等科技手段,向现代科技要警力")
['要', '充分利用', '云计算', '、', '大数据', '、', '人工智能', '等', '科技', '手段', ',',
'向', '现代科技', '要', '警力']
```

用户自定义词典文档是用路径或二进制打开的,必须用 utf-8 编码方式。

11.7.2 词云

教学视频

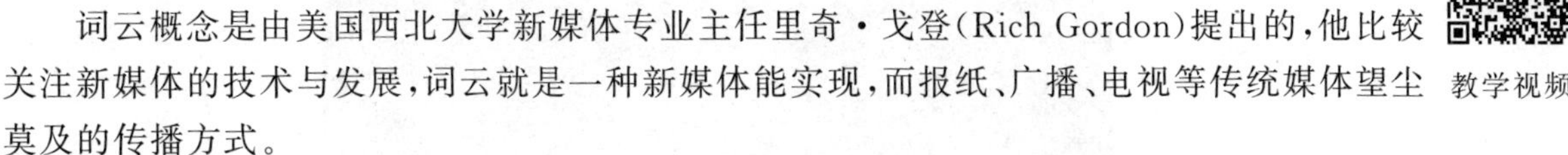

词云概念是由美国西北大学新媒体专业主任里奇·戈登(Rich Gordon)提出的,他比较关注新媒体的技术与发展,词云就是一种新媒体能实现,而报纸、广播、电视等传统媒体望尘莫及的传播方式。

词云依赖于两个软件包: jieba 和 Matplotlib。它们都可以通过 pip 安装,安装命令如下。

```
pip install jieba
pip install matplotlib
pip install wordcloud
```

词云是将感兴趣的词语放到一副图像中,可以控制词语的位置、大小、字体等。通常是通过字体的大小来反映词语出现的频率,词频越高,词云中字体越大。

下面以我国第一代刑侦专家乌国庆的简短事迹为例,演示词云的使用方法。

```
>>> from wordcloud import WordCloud
>>> import jieba
>>> import matplotlib.pyplot as plt
>>> txt = '''他是一名一辈子奋战在刑侦一线的“老兵”,50 多年来参与侦破了几乎所有国内外有重大影响的特大案件和疑难案件,无一错案;他也是一位诲人不倦的良师,为国家培养了无数刑侦领域的后起之秀;他是新中国培养的第一代刑侦专家,作为公安部首席特邀刑侦专家,被国内外同行赞誉为“中国的福尔摩斯”——他就是乌国庆。
    乌国庆办案从不放过一个细节: 尸体要看,现场要看,每一枚鉴定出来的指纹、每一样取得的物证他都要亲自看到。哪怕是一包咸菜、一节电池,他都可以从中发现线索,为案件最终侦破找到至关重要的突破口。
    拒绝向组织要特殊待遇。
    乌国庆的淡泊名利、严于律己也是出了名的。到外地出差,衣食住行都很简单——唯一不离身的,是一台装满他亲自参与侦办案件资料的笔记本电脑。他时时刻刻都在想着还有哪起案件没有侦破。
    乌国庆长年在外出差,在全国各地的公安机关结识了不少朋友。有时案件破了,基层公安机关想给他送一点土特产,都被他一一回绝。公安系统有人这样总结乌国庆的出差“风格”: 在少林寺旁破案时没进过寺,在西安出差时没看过兵马俑。
    把毕生经验贡献给社会。
    退休后的乌国庆,在家的时间大多用来编写教材,在外办案时也时刻注意言传身教,把自己的实践经验和专业知识贡献给社会,传给后人。'''
```

```
>>> jieba.add_word("乌国庆")                                    #添加姓名专用词
>>> wordstring = ' '.join(jieba.cut(txt))   #将生成的词语列表用空格连接成字符串
>>> wordcloud = WordCloud(font_path='simhei.ttf',background_color="black").
generate(wordstring)
>>> plt.imshow(wordcloud)
>>> plt.axis("off")                                             #关闭坐标轴
>>> plt.show()                                                  #显示词云图像
```

生成的词云图像如图 11-6 所示。

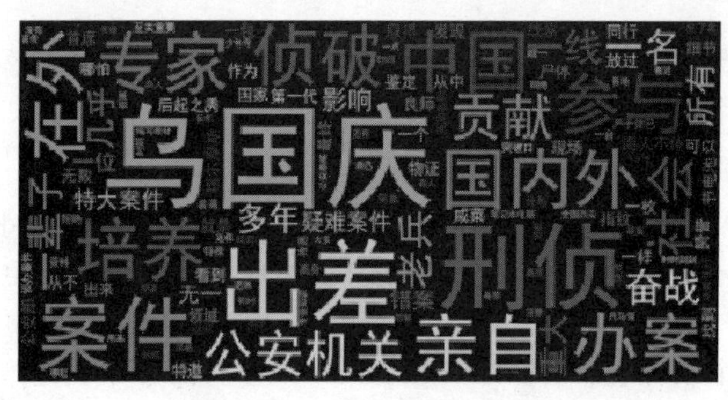

图 11-6　文本生成的词云图像

教学视频

11.7.3　抓取论坛标题分析舆情热点

天涯论坛是国内比较有影响力的论坛，天涯论坛分为许多子论坛，以“我的大学”论坛为例，说明如何抓取论坛数据，用词云分析并展示论坛中的热点话题。

“我的大学”论坛的 URL 为 http://bbs.tianya.cn/list-university-1.shtml。

每个论坛标题的标签为<tr class='bg'>，使用 selector.xpath('//tr[@class="bg"]')查找网页中所有 class 属性值为“bg”的 tr 标签，通过 title=bt.xpath('td/a/text()')[0].strip()获取论坛的标题。

每个网页的下方有“首页”“上一页”“下一页”按钮，首次访问时，只有“首页”和“下一页”按钮，第二次访问后，有三个按钮。第一次访问时，“下一页”按钮的 XPath 值如下。

```
//*[@id="main"]/div[8]/div/a[2]
```

第二次访问后，“下一页”按钮的 XPath 值如下。

```
//*[@id="main"]/div[8]/div/a[3]
```

获取到的“下一页”超链接的 href 值类似/list.jsp?item=university&nextid=1581747589000，这个值必须与 http://bbs.tianya.cn 组到一起才是一个完整的 URL 值 http://bbs.tianya.cn/list.jsp?item=university&nextid=1581747589000。

【例 11-5】 抓取论坛标题生成词云。

```
1   #coding:utf-8
2   import requests
3   from lxml import etree
4   from wordcloud import WordCloud
```

```
5   import jieba
6   import matplotlib.pyplot as plt
7   from time import sleep
8
9   title_string = ''' '''
10
11  def get_htmltext(url):
12      try:
13          headers = {'User-Agent':'Mozilla/5.0 (Windows NT 6.1) AppleWebKit/537.36 \
14                  (KHTML, like Gecko) Chrome/63.0.3239.132 Safari/537.36'}
15          print(f"正在抓取{url}...")
16          r = requests.get(url,headers = headers)
17          r.raise_for_status()        #若状态码不是 200,则引发异常
18          r.encoding = "utf-8"
19          return r.text
20      except Exception:
21          return ""
22
23  def gettitle(url, maxpagenum):
24      global title_string
25      selector = etree.HTML(get_htmltext(url))
26      no = 1
27      while no <= maxpagenum:
28          btlist = selector.xpath('//tr[@class="bg"]')
29          for bt in btlist:
30              title = bt.xpath('td/a/text()')[0].strip()
31              #print(title)
32              title_string = title_string+title+'\n'
33          base_url = 'http://bbs.tianya.cn'
34          if no<2:                        #第一次访问时,只有两个按钮
35              next_url = selector.xpath('//*[@id="main"]/div[8]/div/a[2]/@href')
36          else:                           #两次后,有三个按钮
37              next_url = selector.xpath('//*[@id="main"]/div[8]/div/a[3]/@href')
38          no = no+1
39          ful_next_url = base_url+next_url[0]
40          sleep(1)  #每次采集数据后,暂停 1 秒
41          selector = etree.HTML(get_htmltext(ful_next_url))
42
43  def gen_wordcloud(titlestring):
44      wordstring = ' '.join(jieba.cut(titlestring))
45      wordcloud = WordCloud(
46          font_path='simhei.ttf', background_color="black").generate(wordstring)
47      plt.imshow(wordcloud)           #对图像进行处理,并显示其格式,不显示图像
48      plt.axis("off")                 #不显示坐标轴
49      #plt.show()                     #显示图像,需要用户关闭窗口,才会继续
50      wordcloud.to_file("D:/tianya_wordcloud.png")          #保存词云图片
51
52  if __name__ == "__main__":
```

```
53      url = 'http://bbs.tianya.cn/list-university-1.shtml'     #天涯"我的大学"论坛
54      gettitle(url, 100)               #只采集前 100 页数据
55      gen_wordcloud(title_string)
56      print("数据抓取分析完毕,谢谢你的耐心等待")
57
```

生成的“我的大学”论坛标题词云如图 11-7 所示。

图 11-7　天涯论坛“我的大学”论坛标题词云

本章小结

本章介绍了 Python 抓取网络数据的相关知识。首先介绍了 URI 与 URL 及网页的结构；接着介绍了使用 requests 模块抓取网页数据的方法；然后介绍了使用 XPath 定位网络资源的方法；以豆瓣图书为例介绍了网络数据的抓取方法；介绍了将抓取到的数据保存为 JSON 格式和 CSV 格式；介绍了使用 jieba 库对中文语句进行分词，使用词云展示文章热点，最后以抓取天涯论坛数据以词云展示舆情热点为例介绍了以上模块的应用。

思考与练习

一、选择题

1. requests 获取网页数据后，编码方式可能不符合要求，(　　)可以将网页的编码方式改为需要的编码方式。

A. 直接用 utf-8 解码　　B. 根据网页中的 charset 属性解码

C. r.encoding='utf-8'　　D. 根据人工判断确定解码方式

2. 定位网页中的节点树，(　　)方式不可行。

A. XPath 定位器　　B. BeautifulSoup 的 find()函数定位

C. CSS 定位器　　D. HTML 定位器

3. XPath 定位时，用(　　)符号根据属性定位某个(些)特定的节点。

A. @　　B. //　　C. /　　D. ..

4. jieba 分词时，(　　)为精确分词方式。

A. jieba.lcut("字符串")　　B. jieba.lcut("字符串",cut_all=True)

C. jieba.lcut_for_search("字符串")　　D. jieba.cut("字符串",cut_all=True)

二、判断题

1. HTML 网页中指定网页编码方式的属性为 charset。　(　　)
2. HTML 网页中表示超链接的属性为<img src="">。　(　　)
3. HTML 网页中表示标题的属性为<head>标题</head>。　(　　)
4. URL 包括协议、主机、地址三部分。　(　　)
5. requests 库的主要功能是简单方便地读取网页内容。　(　　)
6. requests 库可以通过设置请求头来模拟浏览器抓取网页。　(　　)
7. 用 requests 可以设置会话的 Cookies。　(　　)
8. 每个 HTML 文档由多个节点树构成。　(　　)

三、编程题

1. 抓取豆瓣电影 Top250 的数据，保存为 CSV 格式。
2. 选取天涯论坛的一个主题，抓取该主题的标题，保存到 JSON 文件中。

附录A

Python常见资源

Python 官网：

https://www.python.org/

下载 Python 的地址是 https://www.python.org/downloads/

Python 3 官网文档：

https://docs.python.org/3/

集成开发工具包 Anaconda 官网：

https://www.anaconda.com/

非官方的 Python Windows 扩展包下载地址：

http://www.lfd.uci.edu/～gohlke/pythonlibs/

Python 官方中文文档：

http://python.usyiyi.cn/

Flask 文档：

http://www.pythondoc.com/

Python 研究(Dive Into Python)：

http://shouce.jb51.net/python/

廖雪峰的官方网站：

http://www.liaoxuefeng.com/

Python 中文学习大本营：

http://www.pythondoc.com/

requests 官方中文网站：

http://cn.python-requests.org/zh_CN/latest/

Beautiful Soup 中文文档：

http://beautifulsoup.readthedocs.io/zh_CN/latest/

Visual C++ 2015/2017 Build Tools 官网：

http://landinghub.visualstudio.com/visual-cpp-build-tools

附录B

IDE 简介

编写程序代码需要一款高效快捷的编辑器，并且需具有调试、运行功能。方便快捷的集成开发环境(Integrated Development Environment,IDE)就成为学习 Python 的首选。下面介绍四种免费的 IDE，以方便读者学习 Python。

1. IDLE

IDLE 是一个纯 Python 下使用 TkinterGUI 库编写的相当基本的 IDE(集成开发环境)。IDLE 是开发 Python 程序的基本 IDE，具备基本的 IDE 功能，是非商业 Python 开发的不错选择。在 Windows 下安装好 Python 以后，IDLE 就可以使用了，不需要另行安装。

IDLE 总的来说是标准的 Python 发行版，它是由 Guido van Rossum 亲自编写(至少最初的绝大部分)。用户可在能运行 Python 和 Tk 的任何环境下运行 IDLE。打开 IDLE 后出现一个增强的交互命令行解释器窗口(具有比基本的交互命令提示符更好的剪切、粘贴、回行等功能)。此外，还有一个针对 Python 的编辑器(无代码合并，但有语法标签高亮和代码自动完成功能)、类浏览器和调试器。菜单为 Tk“剥离”式，也就是单击顶部任意下拉菜单的虚线将会把该菜单提升到它的永久窗口中。特别是 Edit 菜单，将其“靠”在桌面一角非常实用。IDLE 的调试器提供断点、步进和变量监视功能。IDLE 的使用方法见 1.4 节。

2. Jupyter Notebook

教学视频

Jupyter Notebook(又称 IPython Notebook)是一个交互式的笔记本，它源自 Fernando Perez 发起的 IPython 项目。IPython 是一种交互式 Shell，与普通的 Python Shell 相似，但具有一些更好的功能(如语法高亮显示和代码补全)。Notebook 的工作方式是将来自 Web 应用(在浏览器中看到的 Notebook)的消息发送给 IPython 内核(在后台运行的 IPython 应用程序)，内核执行代码，然后将结果发送回 Notebook。

(1) 安装 Jupyter Notebook。目前，安装 Jupyter 的最简单方法是使用 Anaconda。该发行版附带了 Jupyter Notebook，能够在默认环境下使用 Notebook。

在标准版 Python 中并未包含 Jupyter Notebook，需要安装 Jupyter，安装的方法如下。

在终端、命令行下输入：pip install jupyter。

（2）启动 Jupyter Notebook。

在终端或控制台中输入：jupyter Notebook。

服务器会在运行此命令的目录中启动。

（3）Jupyter 的两种模式。Jupyter Notebook 里每一个单元格叫 Cell。Cell 有两种模式：Command（命令）模式和 Edit（编辑）模式。在一个 Cell 中，按下 Enter 键进入编辑模式，按下 Esc 键进入命令模式。

（4）保存 Notebook。工具栏包含了保存按钮，但 Notebook 也会定期自动保存。标题右侧会注明最近一次的保存。你可以使用保存按钮手动进行保存，也可以按键盘上的 Esc 键，然后按 s 键。按 Esc 键会变为命令模式，而 s 键是保存的快捷键。

（5）运行代码。可以通过单击代码区域，然后使用键盘快捷键 Ctrl＋Enter、Shift＋Enter 或 Alt＋Return 来运行代码，或者在选择代码后使用播放（Run Cell）按钮执行代码。

（6）关闭 Jupyter。

关闭正在运行的 Notebook。通过在服务器主页上选中 Notebook 旁边的复选框，然后单击 Shutdown（关闭）按钮，就可以关闭各个 Notebook。但是，在这样做之前，请确保保存了工作；否则，上次保存后所做的任何更改都会丢失。下次运行 Notebook 时，还需要重新运行代码。

关闭整个服务器。通过在终端中按两次 Ctrl＋C 快捷键，可以关闭整个服务器。再次提醒，这会立即关闭所有运行中的 Notebook，因此，请确保保存了工作。

Jupyter Notebook 各快捷键的作用如附表 1 所示。

附表 1　Jupyter Notebook 快捷键

快 捷 键	作　　用
Enter	转入编辑模式
Shift＋Enter	运行本单元，选中下个单元，新单元默认为命令模式
Ctrl＋Enter	运行本单元
Alt＋Enter	运行本单元，在其下插入新单元，新单元默认为编辑模式
Shift＋M	合并选中的单元
Ctrl＋S	保存当前 Notebook
L	命令模式下，开关行号
Tab	编辑模式下，代码补全或缩进
Shift＋Tab	提示
Ctrl＋]	编辑模式下，缩进——向右缩进
Ctrl＋[	编辑模式下，解除缩进——向左缩进
Esc 或 Ctrl＋M	切换到命令模式
Ctrl＋/	编辑模式下，注释整行/撤销注释

教学视频

3. VS Code

Microsoft 在 2015 年 4 月 30 日 Build 开发者大会上正式宣布了 Visual Studio Code，它是一个运行于 Mac OS X、Windows 和 Linux 之上的，针对编写现代 Web 和云应用的跨平

台源代码编辑器。

这标志着微软公司第一次向开发者们提供了一款真正的跨平台编辑器。虽然完整版的Visual Studio 仍然是只能运行在 Windows 和 MAC OS(Mac OS X)之上,但是这一次的声明向大众展示了微软公司对于支持其他计算机平台的承诺。

该编辑器拥有任意一款现代编辑器应该具备的特性,包括语法高亮(Syntax High Lighting)、可定制的热键绑定(Customizable Keyboard Bindings)、括号匹配(Bracket Matching)以及代码片段收集(Code Snippets Collecting)。这款编辑器支持 Git(开源的分布式版本控制系统)。

VS Code 的下载地址为 https://code.visualstudio.com/Download#。

在下载页面中,有适用于 Windows 平台、MacOS 平台和 Linux 平台三个版本可供选择,用户可选择适用于自己的平台版本。

安装步骤如下所示。

(1) 中文包的安装。VS Code 原始界面是英文的,要汉化需要安装的软件包。单击窗口左侧的扩展按钮,在上面的文本框中输入 zh,在下面的插件中,选择 Chinese(Simplified) Language Pack for VS Code 选项,单击 Install 按钮,重新启动 VS Code 即是汉化版本的了,如附图 1 所示。

附图 1 安装 VS Code 的中文语言包

(2) 安装 VS Code 的 Python 插件。要编辑 Python 程序,VS Code 需要安装 Python 插件才可以。下载安装 VS Code 后,打开 VS Code 界面,单击窗口左侧扩展按钮,也可以按 Ctrl+Shift+X 快捷键,在上面的文本框中输入 python,在下面出现的选项中,选择微软推出的 Python 插件,单击右侧的 Install 按钮即可完成安装,如附图 2 所示。

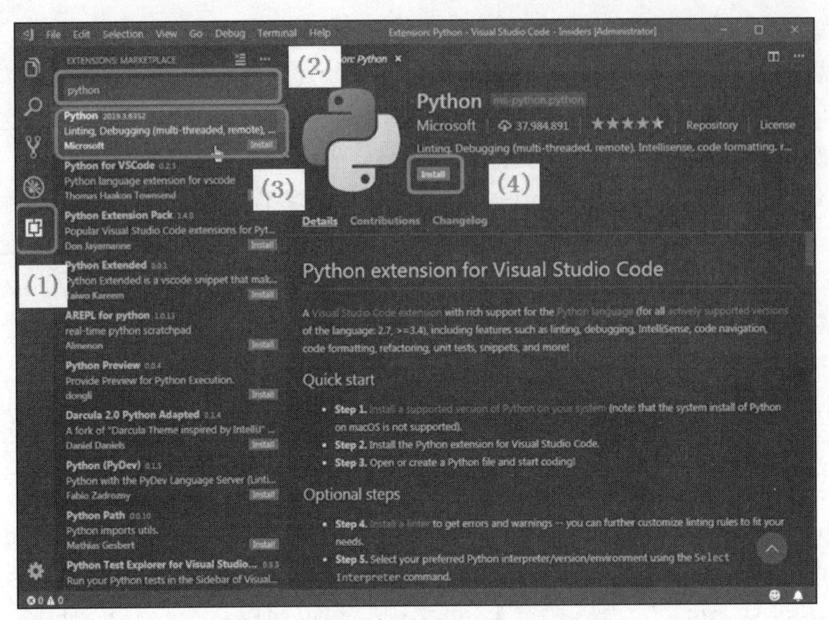

附图 2　安装 VS Code 的 Python 插件

安装 Python 插件后，VS Code 会自动安装 Jupyter、Jupyter Keymap、Jupyter Notebook Renderers、Pylance 等插件。使用这些插件可以非常方便地编写.py 和.ipynb 程序文件。

具体使用步骤如下。

(1) 打开文件夹。VS Code 是一个轻量级的集成化开发工具(IDE)，它没有项目的概念，是以文件夹来保存程序文件的。打开的文件夹就是用来保存程序文件的工作文件夹。打开文件夹的方法有以下两种。

方法 1：选择菜单中的“文件”→“打开文件夹”命令。

方法 2：单击窗口左侧的“资源管理器”按钮，(可以按 Ctrl＋Shift＋E 快捷键打开)，单击“打开文件夹”按钮，如附图 3 所示。

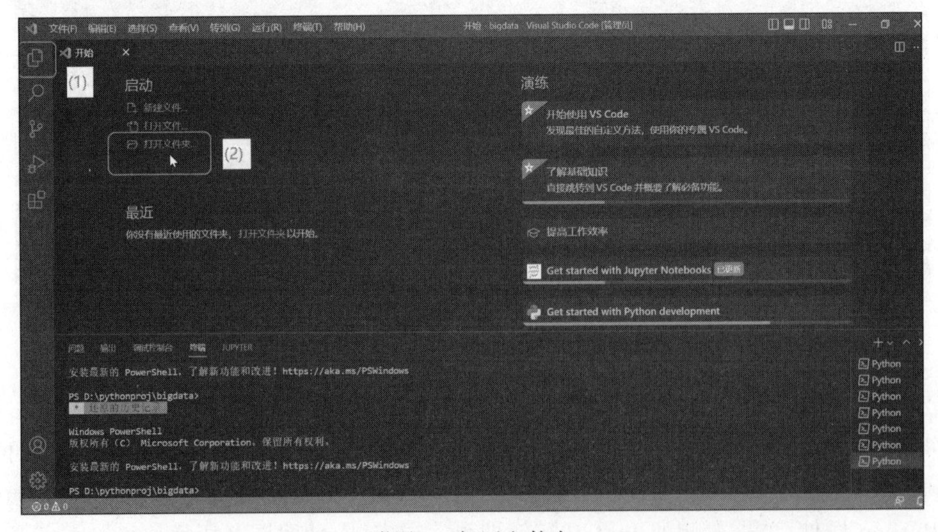

附图 3　打开文件夹

打开的文件夹就作为保存文件的地方了。

(2) 新建文件。新建文件后,才可以进行编辑。新建文件的方式通常有以下两种。

方法1:选择菜单中的"文件"→"新建文件"命令。

方法2:在窗口左侧的"资源管理器"中单击"新建文件"按钮。

输入新文件名 programfile.py 后即可编辑.py 程序文件,输入 programfile.ipynb 后即可编辑 Jupyter Notebook 程序文件,这里的 Jupyter Notebook 程序文件编辑方法与前文介绍的 Jupyter Notebook 使用方法一致。

(3) 调试/运行程序。程序编辑完后,就可以调试/运行程序了。方法是:在窗口左侧的"资源管理器"中右击文件名,从弹出的菜单中选择"在终端中运行 Python 文件"命令。

使用 VS Code 调试运行 Python 程序的前提条件是系统中要先安装 Python。

VS Code 常用快捷键如附表2所示。

附表2 VS Code 常用快捷键

快 捷 键	作 用
F1 或 Ctrl+Shift+P	打开命令面板
Ctrl+[	减少缩进
Ctrl+]	增加缩进
Ctrl+/	增加/删除行注释
Alt+Shift+A	增加/删除块注释
Shift+Alt+F	代码格式化
Ctrl+B	显示/隐藏侧边栏
Ctrl+Shift+E	显示资源管理器
Ctrl+Shift+F	显示搜索
Ctrl+Shift+D	显示 Debug
Ctrl+Shift+U	显示 Output
Ctrl+=	放大编辑窗口的字体
Ctrl+-	缩小编辑窗口的字体

4. PyCharm

PyCharm 是一个功能比较强大的 IDE 开发工具,其下载地址为 http://www.jetbrains.com/pycharm/download/,它的发行版本分为专业版和社区版,专业版可以免费试用30天,社区版为免费版。建议初学者使用社区版,如果条件允许则可以使用专业版。

PyCharm 具有一般 IDE 具备的功能,如调试、语法高亮、Project 管理、代码跳转、智能提示、自动完成、单元测试、版本控制等。

另外,专业版 PyCharm 还提供了一些很好的功能用于 Django、Flask 开发,同时支持 Google App Engine,和 IronPython。

PyCharm 的基本使用方法。

(1) 创建项目。打开 PyCharm 后,选择 Create New Project 命令,创建一个新的项目,如附图 4 所示。

附图 4　新建项目

(2) 新建 Python 文件。新建 Python 文件的方法有以下两种。

方法 1:选择菜单 File→New 命令,在弹出的菜单中选择 Python File 命令,在弹出的窗口中输入程序名,即可开始编辑程序文件。

方法 2:在窗口左侧窗格项目名称上右击,选择弹出菜单 New→Python File 命令,如附图 5 所示。

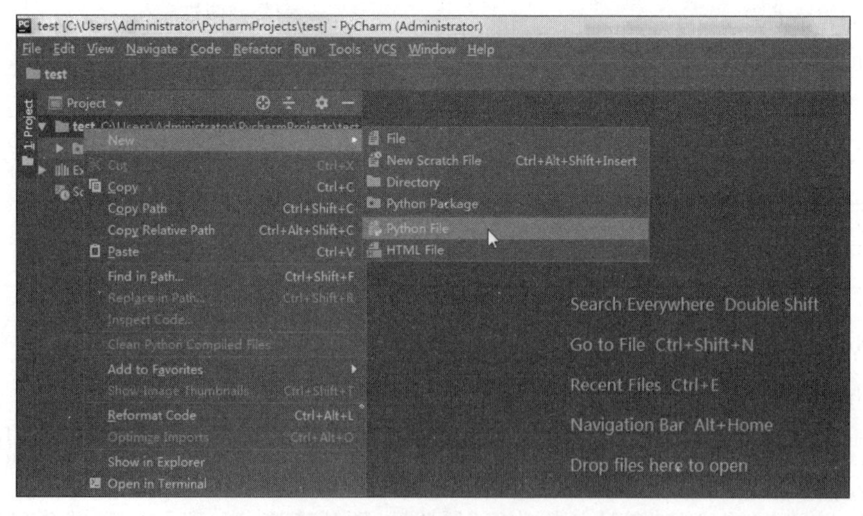

附图 5　新建 Python 文件

(3) 运行 Python 程序。在 PyCharm 窗口左侧程序文件名上右击,选择菜单中的 Run 命令,或按 Ctrl+Shift+F10 快捷键。

附录C

Python异常类之间的关系

```
BaseException
+-- SystemExit
+-- KeyboardInterrupt
+-- GeneratorExit
+-- Exception
        +-- StopIteration
        +-- StandardError
        |       +-- BufferError
        |       +-- ArithmeticError
        |       |       +-- FloatingPointError
        |       |       +-- OverflowError
        |       |       +-- ZeroDivisionError
        |       +-- AssertionError
        |       +-- AttributeError
        |       +-- EnvironmentError
        |       |       +-- IOError
        |       |       +-- OSError
        |       |               +-- WindowsError (Windows)
        |       |               +-- VMSError (VMS)
        |       +-- EOFError
        |       +-- ImportError
        |       +-- LookupError
        |       |       +-- IndexError
        |       |       +-- KeyError
        |       +-- MemoryError
```

```
|    +-- NameError
|    |    +-- UnboundLocalError
|    +-- ReferenceError
|    +-- RuntimeError
|    |    +-- NotImplementedError
|    +-- SyntaxError
|    |    +-- IndentationError
|    |         +-- TabError
|    +-- SystemError
|    +-- TypeError
|    +-- ValueError
|         +-- UnicodeError
|              +-- UnicodeDecodeError
|              +-- UnicodeEncodeError
|              +-- UnicodeTranslateError
+-- Warning
     +-- DeprecationWarning
     +-- PendingDeprecationWarning
     +-- RuntimeWarning
     +-- SyntaxWarning
     +-- UserWarning
     +-- FutureWarning
+-- ImportWarning
+-- UnicodeWarning
+-- BytesWarning
```

参考文献

[1] 约翰·策勒. Python 程序设计(第 3 版)[M]. 王海鹏,译. 北京：人民邮电出版社,2018.

[2] 嵩天,礼欣,黄天羽. Python 语言程序设计基础[M]. 北京：高等教育出版社,2017.

[3] 崔庆才. Python3 网络爬虫开发实战[M]. 北京：人民邮电出版社,2018.

[4] 赵家刚,狄光智,吕丹桔. 计算机编程导论[M]. 北京：人民邮电出版社,2013.

[5] 董付国. Python 程序设计[M]. 北京：清华大学出版社,2015.

[6] Wesley J. Chun. Python 核心编程[M]. 宋吉广,译. 北京：人民邮电出版社,2008.

[7] 刘浪. Python 基础教程[M]. 北京：人民邮电出版社,2015.

[8] 冯林. Python 程序设计与实现[M]. 北京：高等教育出版社,2015.

[9] 杨佩璐,宋强. Python 宝典[M]. 北京：电子工业出版社,2014.

[10] Brandon Rhodes John Goeraen. Python 网络编程[M]. 诸豪文,译. 北京：人民邮电出版社,2016.

[11] Ryan Mitchell. Python 网络数据采集[M]. 陶俊杰,陈小莉,译. 北京：人民邮电出版社,2016.

[12] Richard Lawson. 用 Python 写网络爬虫[M]. 李斌,译. 北京：人民邮电出版社,2016.

[13] Miguel Grinberg. Flask Web 开发[M]. 安道,译. 北京：人民邮电出版社,2015.

[14] requests 快速上手[EB/OL].http://docs.python-requests.org/zh_CN/latest/user/quickstart.html.

[15] requests 高级用法[EB/OL].http://docs.python-requests.org/zh_CN/latest/user/advanced.html.

[16] 廖雪峰的官方网站[EB/OL]https://www.liaoxuefeng.com/.

[17] Python 中文学习大本营[EB/OL].http://www.pythondoc.com/.

[18] Python 3.5.2 中文文档[EB/OL].http://python.usyiyi.cn/translate/python_352/index.html.